ઘુવડ: વિજ્ઞાન કે વિસ્મય?

ડૉ. હિરેન બી. સોની

To

The Birdatchers of 'Mother Planet Earth'

સામગ્રી

પ્રસ્તાવના

પુસ્તક વિશે

ઘુવડ એ સ્ટ્રિગીફોર્મ્સ સમૂહના પક્ષીઓ છે, જેમાં ૨૦૦થી પણ વધુ પ્રજાતિઓના મોટાભાગે એકાંત અને નિશાચર પક્ષીઓનો સમાવેશ થાય છે. સમગ્ર માનવ ઇતિહાસમાં ઘુવડ વિવિધ રીતે ભય, જ્ઞાન, શાણપણ, મૃત્યુ અને આધ્યાત્મિક વિશ્વમાં ધાર્મિક માન્યતાઓને પ્રતીક કરે છે. મોટાભાગની પશ્ચિમી સંસ્કૃતિઓમાં ઘુવડના મંતવ્યો સમય સાથે ધરમૂળથી બદલાયા છે. ઘુવડ એક સાથે દુર્લભ મૂળ નિવાસસ્થાનો, સ્થાનિક, સાંસ્કૃતિક અને ધાર્મિક માન્યતાઓના સૂચક તરીકે સેવા આપી શકે છે. પ્રસ્તુત પુસ્તક ઘુવડના સંરક્ષણ માટે વ્યવહારિક અભિગમો ઘડવા માટે એક મહત્વપૂર્ણ અને જરૂરી સંદર્ભ છે. આ પુસ્તક **'ઘુવડઃ વિજ્ઞાન કે વિસ્મય?'** એ પક્ષીવિજ્ઞાન અને વન્યજીવન જીવવિજ્ઞાનના ક્ષેત્રમાં વિશ્વના જાણીતા પક્ષીવિદો, સંશોધકો, વૈજ્ઞાનિકો, અને પક્ષીનિરીક્ષકો દ્વારા પ્રકાશિત અધિકૃત અને પ્રમાણભૂત સાહિત્યનું વ્યવસ્થિત સંકલન છે. ડૉ. હિરેન બી. સોનીના અંગત અવલોકનો અને ગુજરાતના જંગલી ભૂપ્રદેશમાં આદરેલાં પ્રકાશિત સંશોધન કાર્યને પણ આ પુસ્તકમાં આવરી લેવામાં આવ્યું છે, જે તેમના પક્ષીવિજ્ઞાની અને વન્યજીવ જીવવિજ્ઞાની તરીકે ૨૪ વર્ષના સંશોધનકાળ દરમિયાન સાંભળેલ, જોયેલ, લખેલ તેમજ અનુભવેલ છે. આ પુસ્તક ઘુવડની શરીરરચના, જાતીય દ્વિરૂપતા, શિકાર માટે અનુકૂલન, ઉડાન અને પીંછા, દ્રષ્ટિ, શ્રવણ, ટેલોન, ચાંચ, છદ્માવરણ વર્તન, સંવર્ધન અને પ્રજનન, અને ઉત્ક્રાંતિ પર પ્રારંભિક નોંધોના સંદર્ભમાં ઘુવડ વિશેના નોંધપાત્ર મુખ્ય મુદ્દાઓ જેવી ઉપયોગી માહિતીને આવરી લે છે. આ પુસ્તકમાં ઘુવડ વિશે સર્વગ્રાહી માહિતી, પ્રતીકવાદ, ઉદ્દેશ્ય અને પૌરાણિક કથાઓ, દેવતાઓ, જ્ઞાન, શાણપણ અને ફળદ્રુપતાના ચિહ્નો, સંસ્કૃતિ અને દંતકથાઓમાં ઘુવડ, આદિવાસી લોકકથાઓમાં ઘુવડ, પૌરાણિક કથાઓ અને સંસ્કૃતિમાં ઘુવડ, ગ્રીકમાં ઘુવડ અને રોમન પૌરાણિક કથા, અંગ્રેજી લોકકથામાં ઘુવડ, અમેરિકન ભારતીય સંસ્કૃતિમાં ઘુવડ, ઘુવડની પૌરાણિક કથાઃ વૈશ્વિક પરિપ્રેક્ષ્ય, ઘુવડ પર માનવીય અસરો, વ્યક્તિગત અસરો, ઘુવડ પર ઝેરી અસર, ઘુવડ પર કૃષિ અસરો, ઘુવડ પર રહેઠાણમાં ફેરફાર, ઘુવડને કાનૂની રક્ષણ, પર્યાવરણીય સૂચક તરીકે ઘુવડ, સહિષ્ણુ સંરક્ષણ, ઉંદર નિયંત્રણ, મનુષ્યો પરના હુમલા અને સંરક્ષણ મુદ્દાઓ વિષે ખુબ જ ચીવટપૂર્વક છણાવટ થઈ છે. આ પુસ્તકના લેખક અને સંકલનકાર તમામ પક્ષીવિદો, સંશોધકો, વૈજ્ઞાનિકો, પક્ષીનિરીક્ષકો, લેખકો, વેબસાઈટ ડેવલપર્સ, સરકારી તેમજ બિન સરકારી સંસ્થાઓ, અને પ્રત્યક્ષ કે પરોક્ષ રીતે માહિતી પુરી પાડનાર સૌને 'ગ્રંથસૂચિ' વિભાગમાં 'ઉદ્ધરણ'ના રૂપમાં ઋણસ્વીકાર કરે છે. આશા છે કે આ પુસ્તક વિદ્યાર્થીઓ, સંશોધકો, વૈજ્ઞાનિકો, લોકસાહિત્યના નિષ્ણાતો અને પક્ષી સંરક્ષણવાદીઓ માટે ચોક્કસપણે એક તૈયાર સંદર્ભ સામગ્રી અને હાથવગી અભ્યાસ માર્ગદર્શિકા બની રહેશે. આ કૃતિના લેખન તેમજ સંકલન દરમિયાન પ્રત્યક્ષ કે પરોક્ષ રીતે મદદ કરનાર સૌનો ડૉ. હિરેન બી. સોની હૃદયપૂર્વક આભાર વ્યક્ત કરે છે.

સ્વીકૃતિઓ

- Dr. Justus Joshua, Director, Green Future Foundation, Tiruchirappalli
- Dr. S.F. Wesley Sunderraj, Deputy Director, Green Future Foundation, Tiruchirappalli
- Dr. V. Vijay Kumar, Director, Gujarat Institute of Desert Ecology, Bhuj (Kachchh)
- Dr. G.A. Thivakaran, Former Principal Scientist, Gujarat Institute of Desert Ecology, Bhuj (Kachchh)
- Dr. Pankaj Joshi, Feelance Researcher (Biodiversity & Conservation), Bhuj (Kachchh)
- Shri Nischal M. Joshi, Sr. Manager, Guajrat Ecology Commission, Gandhinagar
- Shri Lomesh Brahmbhatt, Field Manager, Guajrat Ecology Commission, Gandhinagar

લેખક વિશે

ડૉ. હિરેન બી. સોની ૨૪ વર્ષનું સંશોધન અને ૧૬ વર્ષનો શૈક્ષણિક અનુભવ ધરાવે છે. લેખકના કાર્યક્ષેત્રો સજીવોનું વર્ગીકરણ, પ્રાણીવિજ્ઞાન (અપૃષ્ઠવંશી અને કરોડઅસ્થિધારી પ્રાણીઓ), પક્ષીવિજ્ઞાન, વન્યજીવ વિજ્ઞાન, ક્ષેત્ર જીવવિજ્ઞાન (જૈવવિવિધતા અને સંરક્ષણ), પર્યાવરણીય અસરોનું મૂલ્યાંકન, અને જલપ્લાવિત વિજ્ઞાન (જૈવવિવિધતા, ઇકોલોજી, રિસ્ટોરેશન, મેનેજમેન્ટ) છે. તેમને રાષ્ટ્રીય અને આંતરરાષ્ટ્રીય સ્તરે સંશોધન અહેવાલો, સંશોધન પત્રો, વૈજ્ઞાનિક લેખો, લોકપ્રિય પ્રકાશનો, પુસ્તક પ્રકરણો અને પુસ્તકો સહિત ૧૫૦ થી પણ વધુ પ્રકાશનોનો શ્રેય આપવામાં આવેલો છે. વધુમાં, ડૉ. હિરેન બી. સોની સ્વૈચ્છિક ધોરણે એસોસિયેટ એડિટર, પબ્લોન્સ એકેડમી (યુકે) ના પ્રમાણિત સમીક્ષક, ડેપ્યુટી એડિટર, એડિટોરિયલ એડવાઈઝરી બોર્ડ મેમ્બર, એડિટોરિયલ બુક રિવ્યુઅર, એડિટર-ઈન-ચાર્જ, મેનેજિંગ એડિટર, મેન્યુસ્ક્રિપ્ટ એડિટર, તેમજ પેનલ રિવ્યુઅર તરીકે પણ માનદ સેવાઓ આપી રહ્યા છે. આ ઉપરાંત, ડૉ. હિરેન બી. સોની આંતરરાષ્ટ્રીય પ્રકાશન ગૃહો જેવાં કે સ્પ્રિંગર, એલ્સેવિયર, ટેલર અને ફ્રાન્સિસ, નેચર પબ્લિશિંગ ગ્રુપ, નેચર જર્નલ (પર્યાવરણ અને ઇકોલોજી), સાયન્ટિફિક ડેટા જર્નલ (ઇકોલોજી, પર્યાવરણ, જૈવવિવિધતા, સંરક્ષણ) અને નેચર કોમ્યુનિકેશન્સ (પર્યાવરણ)માં પણ એક વરિષ્ઠ સંપાદક અને સમીક્ષક તરીકે જોડાયેલા છે. ડૉ. હિરેન બી. સોની હેનેલ ઈન્ટરનેશનલ, ઝિમ્બાબ્વે (દક્ષિણ આફ્રિકા)માં સલાહકાર સભ્ય (પર્યાવરણ) તરીકે પણ સ્વૈચ્છિક સેવાઓ આપી રહ્યા છે.

અનુક્રમણિકા

ઘુવડઃ એક પરિચય

ઘુવડ એ સ્ટ્રિગીફોર્મ્સ સમૂહના પક્ષીઓ છે, જેમાં ૨૦૦થી પણ વધુ પ્રજાતિઓના મોટાભાગે એકાંત અને નિશાચર પક્ષીઓનો સમાવેશ થાય છે. જે સીધા વલણ, વિશાળ, પહોળું માથું, બાયનોક્યુલર દ્રષ્ટિ, દ્વિસંગી સુનાવણી, તીક્ષ્ણ ટેલોન્સ અને શાંત ઉંડાણ માટે અનુકૂળ હોય છે. અપવાદોમાં, દૈનિક ઉત્તરીય હોક ઘુવડ અને ગ્રેગેરિયસ બરોઇંગ ઘુવડનો સમાવેશ થાય છે. ઘુવડ મોટાભાગે નાના સસ્તન પ્રાણીઓ, જંતુઓ અને અન્ય પક્ષીઓનો શિકાર કરે છે, જોકે કેટલીક પ્રજાતિઓ માછલીનો શિકાર કરવામાં પણ નિષ્ણાત હોય છે. તેઓ ધ્રુવીય બરફના ટોપ અને કેટલાક દૂરના ટાપુઓ સિવાય પૃથ્વીના તમામ પ્રદેશોમાં જોવા મળે છે. ઘુવડને બે સમૂહમાં વિભાજિત કરવામાં આવે છેઃ સાચો (અથવા લાક્ષણિક) ઘુવડ (સ્ટ્રિગિડી) અને બાર્ન-ઘુવડ (ટાયટોનીડી).

ઘુવડની શરીરરચના

ઘુવડ પાસે મોટી, આગળ-મુખી આંખો અને કાનના છિદ્રો, બાજ જેવી ચાંચ, સપાટ ચહેરો અને સામાન્ય રીતે દરેક આંખની આસપાસ પીછાઓનું એક સ્પષ્ટ વર્તુળ, ચહેરાની ડિસ્ક હોય છે. આ ડિસ્ક બનાવતા પીંછા ઘુવડના કાનના પોલાણ પર વિવિધ અંતરથી અવાજોને ઝડપથી ધ્યાન કેન્દ્રિત કરવામાં મદદ કરે છે. મોટાભાગના શિકારી પક્ષીઓની આંખો તેમના માથાની બાજુઓ પર હોય છે, પરંતુ ઘુવડની આગળ-મુખી આંખોની સ્ટીરિયોસ્કોપિક પ્રકૃતિ ઓછા પ્રકાશના શિકાર માટે અનુકૂળ હોય છે. ઘુવડમાં બાયનોક્યુલર દ્રષ્ટિ હોવા છતાં, તેમની મોટી આંખો તેમના પોલાણમાં સ્થિર હોય છે, જેમ કે મોટાભાગના અન્ય પક્ષીઓની હોય છે, તેથી દૃષ્ટિકોણ બદલવા માટે તેઓ તેમનું આખું માથું ફેરવે છે. ઘુવડ દૂરદર્શી હોવાથી, તેઓ તેમની આંખોના થોડા સેન્ટિમીટરની અંદર કંઈપણ સ્પષ્ટપણે જોઈ શકતા નથી. પકડાયેલ શિકારને ઘુવડ ફિલોપ્લ્યુમ્સના ઉપયોગથી અનુભવી શકે છે. ચાંચ પરના પીંછા જેવા વાળ અને પગ "ફીલર" તરીકે કામ કરે છે. તેમની દૂરની દ્રષ્ટિ, ખાસ કરીને ઓછા પ્રકાશમાં, અપવાદરૂપે સારી છે.

ઘુવડ તેનું માથું અને ગરદન ૨૭૦ ડિગ્રી જેટલું ફેરવી શકે છે. ઘુવડમાં માણસોમાં સાતની સરખામણીમાં ગરદનના ૧૪ કરોડરજ્જુ મણકા હોય છે, જે તેમની ગરદનને વધુ લવચીક બનાવે છે. તેઓ તેમની રુધિરાભિસરણ પ્રણાલીમાં પણ અનુકૂલન ધરાવે છે, જે મગજમાં રક્તને રોક્યા વિના પરિભ્રમણમાં મદદ કરે છે. તેમના કરોડરજ્જુમાં ફોરામિના

કે જેના દ્વારા વર્ટેબ્રલ ધમનીઓ પસાર થાય છે, તે ધમનીના વ્યાસ કરતાં લગભગ ૧૦ ગણો વ્યાસ ધરાવે છે. મનુષ્યોમાં કરોડરજ્જુની ધમનીઓ અન્ય પક્ષીઓ કરતાં સર્વાઇકલ કરોડરજ્જુમાં પ્રવેશ કરે છે, તેને થોડી શિથિલ બનાવે છે, અને કેરોટિડ ધમનીઓ ખૂબ જ મોટા એનાસ્ટોમોસિસ અથવા જંકશનમાં એક થાય છે, જે કોઈપણ પક્ષીઓની સૌથી મોટી હોય છે, જ્યારે તેઓ તેમની ગરદન ફેરવે છે, ત્યારે રક્ત પુરવઠાને કાપી નાખતા અટકાવે છે. કેરોટીડ અને વર્ટેબ્રલ ધમનીઓ વચ્ચેના અન્ય એનાસ્ટોમોઝ આ અસરને સમર્થન આપે છે.

સૌથી નાનું ઘુવડ ૩૧ ગ્રામ જેટલું ઓછું વજન ધરાવતું અને લગભગ ૧૩.૫ સે.મી.નું પિશાચ ઘુવડ (માઈક્રાથેન વ્હીટની) છે. ઓછા જાણીતા લાંબા-વ્હીસ્કર્ડ ઘુવડ (ઝેનોગ્લૉક્સ લોવરી) અને તામૌલિપાસ પિગ્મી ઘુવડ (ગ્લાસીડિયમ સાંચેઝી) સમાન ક્ષીણ લંબાઈ ધરાવે છે. સૌથી મોટા ઘુવડ બે સમાન કદના ગરુડ ઘુવડ છે; યુરેશિયન ગરુડ ઘુવડ (બુબો બુબો) અને બ્લાકિસ્ટોનનું માછલી ઘુવડ (બુબો બ્લાકિસ્ટોની). આ પ્રજાતિઓની સૌથી મોટી માદા ૭૧ સેમી (૨૮ ઇંચ) લાંબી હોય છે, તેની પાંખો ૧૯૦ સેમી હોય છે અને તેનું વજન ૪.૨ કિગ્રા હોય છે.

ઘુવડની વિવિધ પ્રજાતિઓ વિવિધ પ્રકારના અવાજો ઉત્પન્ન કરે છે. કોલનું આ વિતરણ ઘુવડને સાથી શોધવામાં અથવા સંભવિત સ્પર્ધકોને તેમની હાજરીની જાહેરાત કરવામાં મદદ કરે છે, અને પક્ષીવિદો તેમજ અન્ય પક્ષીઓને પણ ઘુવડ અને તેઓની પ્રજાતિઓને ઓળખવામાં મદદ કરે છે. ઉપર નોંધ્યું છે તેમ, તેમના ચહેરાની ડિસ્ક ઘુવડને તેમના કાનમાં શિકારના અવાજને પ્રસારિત કરવામાં મદદ કરે છે. ઘણી પ્રજાતિઓમાં આ ડિસ્ક વધુ સારી દિશાત્મક સ્થાન આપવા માટે હોય છે. ઘુવડના પીંછા સામાન્ય રીતે રહસ્યમય હોય છે, જોકે ઘણી પ્રજાતિઓમાં ચહેરાના અને માથાના નિશાન હોય છે, જેમાં ચહેરાના માસ્ક, કાનની ગાંઠો અને તેજસ્વી રંગીન નેત્રપટલનો સમાવેશ થાય છે. આ નિશાનો સામાન્ય રીતે ખુલ્લા વસવાટમાં રહેતી પ્રજાતિઓમાં વધુ સામાન્ય હોય છે, અને ઓછા પ્રકાશની સ્થિતિમાં અન્ય ઘુવડ સાથે સંકેત આપવા માટે ઉપયોગમાં લેવાતા હોવાનું માનવામાં આવે છે.

જાતીય દ્વિરૂપતા

જાતિય દ્વિરૂપતા એ જાતિના નર અને માદા વચ્ચેનો શારીરિક તફાવત છે. માદા ઘુવડ સામાન્ય રીતે નર કરતા મોટા હોય છે. બહુવિધ વસ્તી અને પ્રજાતિઓમાં કદ દ્વિરૂપતા અલગ અલગ હોય છે, અને તે વિવિધ લક્ષણો દ્વારા માપવામાં આવે છે, જેમ કે પાંખના ગાળા અને બોડીમાસ (શરીરનું વજન). એકંદરે માદા ઘુવડ નર કરતાં સહેજ મોટા હોય છે. ઘુવડમાં આ વિકાસ માટે ચોક્કસ સમજૂતી અજ્ઞાત છે. ઘણા સિદ્ધાંતો ઘુવડમાં જાતીય દ્વિરૂપતાના વિકાસને સમજાવે છે.

એક સિદ્ધાંત એ પણ સૂચવે છે કે પસંદગીના કારણે નર નાના થઈ ગયા છે, કારણ કે તે તેમને કાર્યક્ષમ બનવાની અનુકૂળતા આપે છે. પ્રજનન ઋતુ દરમિયાન વધુ ખોરાક મેળવવાની ક્ષમતા ફાયદાકારક છે. કેટલીક પ્રજાતિઓમાં, માદા ઘુવડ તેમના ઇંડા સાથે

તેમના માળામાં રહે છે, જ્યારે માળામાં ખોરાક પાછો લાવવાની જવાબદારી નરની હોય છે. જો ખોરાકની અછત હોય, તો માદાને ખવડાવતા પહેલા નર પોતાને ખવડાવે છે. નાના પક્ષીઓ, જે ચપળ હોય છે, તેઓ ઘુવડ માટે ખોરાકનો મહત્વનો સ્ત્રોત છે. નર ઘુવડની પાંખો માદા કરતાં નાની હોવા છતાં માદા કરતાં લાંબી પાંખની તાર જોવા મળે છે. વધુમાં, ઘુવડ તેમના શિકાર જેટલા જ કદના હોવાનું જણાયું છે. અન્ય હિંસક પક્ષીઓમાં પણ આ જોવા મળ્યું છે, જે સૂચવે છે કે નાના શરીર અને લાંબા પાંખવાળા તારવાળા ઘુવડને તેમના શિકારને પકડવા માટે વધુ ચપળતા અને ચીલઝડપને કારણે પસંદ કરવામાં આવ્યા છે.

અન્ય એક લોકપ્રિય સિદ્ધાંત સૂચવે છે કે માદાઓને તેમની જાતીય ભૂમિકાઓને કારણે નર ઘુવડની જેમ નાની તરીકે પસંદ કરવામાં આવી નથી. ઘણી પ્રજાતિઓમાં, માદા ઘુવડ માળો છોડી શકતા નથી. તેથી, માદાઓને ભૂખ્યા રહ્યા વગર લાંબા સમય સુધી જવા દેવા માટે મોટા સમૂહ હોઈ શકે છે. ઉદાહરણ તરીકે, એક અનુમાનિત ભૂમિકા એ છે કે મોટી માદાઓ શિકારને વિખેરી નાખવામાં અને તેના બચ્ચાને ખવડાવવામાં વધુ સક્ષમ હોય છે, તેથી માદા ઘુવડ તેમના નર સમકક્ષો કરતાં મોટી હોય છે. એક અલગ સિદ્ધાંત એ પણ સૂચવે છે કે નર અને માદા વચ્ચેના કદમાં તફાવત જાતીય પસંદગીને કારણે છે. કારણ કે મોટી માદાઓ તેમના જીવનસાથીને પસંદ કરી શકે છે અને નરના જાતીય વિકાસને હિંસક રીતે નકારી શકે છે, નાના નર ઘુવડ કે જેઓ અસ્વીકાર્ય માદાઓથી બચવાની ક્ષમતા ધરાવે છે તે વધુ સંભવ છે.

શિકાર માટે અનુકૂલન

બધા ઘુવડ શિકારના માંસાહારી પક્ષીઓ છે અને મુખ્યત્વે જંતુઓ, ઉંદર અને સસલા જેવા નાના પ્રાણીઓના આહાર પર રહે છે. કેટલાક ઘુવડ ખાસ કરીને માછલીનો શિકાર કરવા માટે પણ અનુકૂળ હોય છે. તેઓ પોતપોતાના વાતાવરણમાં શિકાર કરવામાં ખૂબ જ નિપુણ હોય છે. ઘુવડ વિશ્વના લગભગ તમામ ભાગોમાં અને વિવિધ ઇકોસિસ્ટમમાં જોવા મળતા હોવાથી તેમની શિકારની કુશળતા અને લાક્ષણિકતાઓ પ્રજાતિઓથી અલગ અલગ હોય છે, જોકે મોટાભાગની લાક્ષણિકતાઓ તમામ જાતિઓમાં વહેંચાયેલી હોય છે.

ઉડાન અને પીંછા

મોટા ભાગના ઘુવડ શિકારના અન્ય પક્ષીઓની સરખામણીમાં લગભગ શાંતિથી અને વધુ ધીમેથી ઉડવાની જન્મજાત ક્ષમતા ધરાવે છે. મોટા ભાગના ઘુવડ મુખ્યત્વે નિશાચર જીવનશૈલી જીવે છે અને કોઈપણ અવાજ કર્યા વિના ઉડવા માટે સક્ષમ હોવાને કારણે તેઓ તેમના શિકાર પર મજબૂત પકડ ધરાવે છે, જે રાત્રે પણ અવાજ સાંભળે છે. એક શાંત, ધીમી ઉડાન દૈનિક અને ક્રેપસ્ક્યુલર ઘુવડ માટે જરૂરી નથી, કારણ કે શિકાર સામાન્ય રીતે ઘુવડને નજીક આવતા જોઈ શકે છે. જ્યારે આ સાયલન્ટ ફ્લાઈટની મોર્ફોલોજિ અને જૈવિક મિકેનિઝમ્સથી વધુ કે ઓછા અજ્ઞાત છે, ત્યારે પીછાની રચનાનો ભારે અભ્યાસ કરવામાં આવ્યો છે અને તેમની પાસે આ ક્ષમતા શા માટે છે તેની માન્યતા પણ આપવામાં આવી છે.

ઘુવડના પીંછા સામાન્ય રીતે સરેરાશ પક્ષીઓના પીછાઓ કરતા મોટા હોય છે, જે ઓછા કિરણો ધરાવે છે, લાંબા પેન્યુલમ હોય છે અને વિવિધ રેચીસ સ્ટ્રક્ચર્સ સાથે સરળ કિનારીઓ ધરાવે કરે છે. ઘુવડના રેમિજેસ સાથેની દાણાદાર કિનારીઓ પાંખના ફફડાટને લગભગ શાંત કરે છે. સીરેશન્સ ફક્ત અવાજ ઘટાડવાને બદલે એરોડાયનેમિક વિક્ષેપમાં ઘટાડો કરે છે. ફ્લાઇટના પીછાઓની સપાટી મખમલી રચનાથી ઢંકાયેલી હોય છે જે પાંખના હલનચલનનો અવાજ શોષી લે છે. આ અનોખી રચનાઓ ૨ kHz થી વધુ અવાજની આવર્તન ઘટાડે છે, જે ઘુવડના સામાન્ય શિકારના લાક્ષણિક શ્રવણ સ્પેક્ટ્રમથી નીચે અને ઘુવડની પોતાની શ્રેષ્ઠ શ્રવણ શ્રેણીની અંદર ધ્વનિ સ્તરને ઉત્સર્જિત કરે છે. આ પરિમાણ ઘુવડની અંદર ઉડતી વખતે શિકારને સાંભળ્યા વિના શિકારને પકડવા માટે ચૂપચાપ ઉડવાની ક્ષમતાને શ્રેષ્ઠ બનાવે છે. તે ઘુવડને તેની ફ્લાઇટ પેટર્નમાંથી અવાજના આઉટપુટનું નિરીક્ષણ કરવાની પણ ક્ષમતા આપે છે.

પીછા અનુકૂલન જે સાયલન્ટ ફ્લાઈટને મંજૂરી આપે છે તેનો અર્થ એ છે કે કોઠાર ઘુવડના પીછા વોટરપ્રૂફ નથી. નરમાઈ અને શાંત ઉડાન જાળવવા માટે કોઠાર ઘુવડ પ્રીન તેલ અથવા પાવડર ધૂળનો ઉપયોગ કરી શકતું નથી, જેનો અન્ય પ્રજાતિઓ વોટરપ્રૂફિંગ માટે ઉપયોગ કરે છે. ભીના હવામાનમાં તેઓ શિકાર કરી શકતા નથી અને સંવર્ધન ઋતુ દરમિયાન આ વિનાશક પણ બની શકે છે. કોઠાર ઘુવડ વારંવાર ઢોર પીવાના કુંડામાં ડૂબી ગયેલા જોવા મળે છે, કારણ કે તેઓ પીવા અને સ્નાન કરવા માટે ઉતરે છે, પરંતુ બહાર ચઢી શકતા નથી. વોટરપ્રૂફિંગના અભાવને કારણે ઘુવડ પોતાને ગરમ રાખવા માટે સંઘર્ષ કરી શકે છે, તેથી મોટી સંખ્યામાં અંદર તરફ રહેલા પીછાઓ તેમને શરીરની ગરમી જાળવી રાખવામાં મદદ કરે છે.

દ્રષ્ટિ

દ્રષ્ટિ એ ઘુવડની એક ખાસ લાક્ષણિકતા છે જે નિશાચર શિકારને પકડવામાં મદદ કરે છે. ઘુવડ એ પક્ષીઓના નાના જૂથનો એક ભાગ છે જે નિશાચર રીતે જીવે છે, પરંતુ ઓછા પ્રકાશની પરિસ્થિતિઓમાં ઉડાન માટે તેમને માર્ગદર્શન આપવા માટે ઇકોલોકેશનનો ઉપયોગ કરતા નથી. ઘુવડ તેમની ખોપરીની સરખામણીમાં અપ્રમાણસર મોટી આંખો માટે જાણીતા છે. નાની ખોપરીના પ્રમાણમાં એકદમ મોટી આંખના ઉત્ક્રાંતિનું દેખીતું પરિણામ એ છે કે ઘુવડની આંખ નળીઓવાળી બની ગઈ છે. આ આકાર અન્ય કહેવાતા નિશાચર આંખોમાં જોવા મળે છે, જેમ કે સ્ટ્રેપ્સિરહાઈન પ્રાઈમેટ અને બાથીપેલેજિક માછલીઓની આંખો. ઘુવડની આંખો આ સ્ક્લેરોટિક ટ્યુબમાં સ્થિર હોવાથી તેઓ આંખોને કોઈપણ દિશામાં ફેરવવામાં અસમર્થ છે. તેમની આંખો ફેરવવાને બદલે, ઘુવડ તેમની આસપાસનું વાતાવરણ જોવા માટે તેમનું માથું ફેરવે છે.

ઘુવડનું માથું આશરે ૨૭૦ ડિગ્રી અંશે ફરવા માટે સક્ષમ છે, જે તેમને ધડને સ્થાનાંતરિત કર્યા વિના સરળતાથી તેમની પાછળ જોવા માટે સક્ષમ બનાવે છે. આ ક્ષમતા શારીરિક હલનચલનને ન્યૂનતમ રાખે છે, આમ ઘુવડ તેના શિકારની રાહ જોતા અવાજની માત્રા ઘટાડે છે. ઘુવડને તમામ પક્ષીજૂથોમાં સૌથી આગળની બાજુએ મૂકેલી

આંખો તરીકે ગણવામાં આવે છે, જે તેમને દ્રષ્ટિના સૌથી મોટા બાયનોક્યુલર ક્ષેત્રો આપે છે. જોકે ઘુવડ દૂરંદેશી હોય છે અને તેમની આંખોના થોડા સેન્ટિમીટરની અંદરની વસ્તુઓ પર ધ્યાન કેન્દ્રિત કરી શકતા નથી. આ મિકેનિઝમ્સ માત્ર મોટા કદના રેટિના ઇમેજને કારણે કાર્ય કરવા સક્ષમ છે. આમ, ઘુવડની દ્રષ્ટિમાં પ્રાથમિક નિશાચર કાર્ય તેના મોટા પશ્ચાદવર્તી નોડલ અંતરને કારણે છે. રેટિના ઇમેજની તેજ માત્ર ગૌણ ન્યુરલ ફંક્શન્સમાં ઘુવડ માટે મહત્તમ હોય છે. ઘુવડની આ વિશેષતાઓને કારણે તેની નિશાચર દૃષ્ટિ તેના સરેરાશ શિકાર કરતા ઘણી સારી હોય છે.

શ્રવણશક્તિ

ઘુવડ વિશેષ શ્રવણ કાર્યો અને કાનના વિવિધ આકારો ધરાવે છે, જે તેને શિકારમાં પણ મદદ કરે છે. તેઓ અમુક જાતિઓમાં ખોપરી પર અસમપ્રમાણતાવાળા કાનના પ્લેસમેન્ટ માટે જાણીતા છે. ઘુવડમાં આંતરિક અથવા બાહ્ય કાન હોઈ શકે છે, જે બંને અસમપ્રમાણ છે. અસમપ્રમાણતા ઘુવડના મધ્ય અથવા આંતરિક કાન સુધી વિસ્તરેલી હોવાનું નોંધાયું નથી. ખોપરી પર અસમપ્રમાણતાવાળા કાનની ગોઠવણી ઘુવડને તેના શિકારનું સ્થાન નિર્ધારિત કરવાની મંજૂરી આપે છે. આ ખાસ કરીને નિશાચર પ્રજાતિઓ માટે સાચું છે, જેમ કે બાર્ન ઘુવડ ટાયટો અથવા ટેંગમાલ્મનું ઘુવડ. તેની ખોપરી પર અલગ-અલગ જગ્યાએ કાન ગોઠવેલા હોવાથી ઘુવડ અવાજના તરંગોને ડાબા અને જમણા કાનમાં ઘૂસવા માટે લાગતા મિનિટના તફાવતથી તે દિશા નિર્ધારિત કરી શકે છે કે જ્યાંથી અવાજ આવી રહ્યો છે. ઘુવડ તેનું માથું ફેરવે છે. જ્યાં સુધી અવાજ એક જ સમયે બંને કાન સુધી ન પહોંચે, તે સમયે તે અવાજના સ્ત્રોતની સીધો સામનો કરે છે. કાન વચ્ચે આ સમયનો તફાવત લગભગ ૩૦ માઇક્રોસેકન્ડનો હોય છે.

ઘુવડના કાનના છિદ્રોની પાછળના ભાગમાં ગાઢ પીછાઓ ચહેરાને ખરબચડો બનાવવા માટે ગીચતાથી ભરેલા હોય છે, જે અગ્રવર્તી, અંતર્મુખ દિવાલ બનાવે છે, જે અવાજને કાનની દિશામાં ખેંચે છે. આ ચહેરાના રફ આવર્તનને કેટલીક પ્રજાતિઓમાં નબળી રીતે વ્યાખ્યાયિત કરવામાં આવે છે, ખાસ કરીને અગ્રણી, લગભગ ચહેરાને ઘેરી લેતી, અન્ય પ્રજાતિઓમાં. ફેશિયલ ડિસ્ક પણ કાનમાં અવાજ પહોંચાડવાનું કામ કરે છે, અને નીચે તરફની તીવ્ર ત્રિકોણાકાર ચાંચ ચહેરાથી દૂર અવાજના પ્રતિબિંબને ઘટાડે છે. અવાજોને વધુ અસરકારક રીતે સાંભળવા માટે ફેશિયલ ડિસ્કનો આકાર ઈચ્છા મુજબ બદલી શકાય છે. એક મહાન શિંગડાવાળા ઘુવડના માથા ઉપરના મુખ્ય ભાગને સામાન્ય રીતે તેના કાન તરીકે ઓળખવામાં આવે છે, જે માત્ર પીછાના ટફ્ટ્સ છે. ઘુવડના કાન સામાન્યપણે માથાની બાજુઓ પર હોય છે.

ટેલોન્સ

જ્યારે ઘુવડની શ્રાવ્ય અને દ્રશ્ય ક્ષમતાઓ તેને તેના શિકારને શોધવા અને તેનો પીછો કરવાની ક્ષમતા આપે છે, ત્યારે ઘુવડના ટેલોન્સ અને ચાંચ અંતિમ કાર્ય કરે છે. ઘુવડ ખોપરીને કચડી નાખવા અને શરીરને ફાડવા માટે આ ટેલોન્સનો ઉપયોગ કરીને તેના શિકારને મારી નાખે છે. ઘુવડના ટેલોનની શિકારને કચડી નાખવાની આ શક્તિ શિકારના

કદ અને તેનો પ્રકાર, અને ઘુવડના કદ પ્રમાણે બદલાય છે. બરોઇંગ ઘુવડ (એથેન ક્યુનિક્યુલેરિયા), એક નાનું, અંશતઃ જંતુભક્ષી ઘુવડ માત્ર ૫ ન્યુટનનું બળ ધરાવે છે. મોટા બાર્ન ઘુવડ (ટાયટો આલ્બા) ને તેના શિકારને છોડવા માટે ૩૦ ન્યુટનબળની જરૂર હોય છે, અને સૌથી મોટા ઘુવડમાંનું એક મહાન શિંગડાવાળું ઘુવડ (બુબો વર્જિનિયાનસ) ને તેના ટેલોન્સમાં શિકાર છોડવા માટે ૧૩૦ ન્યુટનથી પણ વધુ બળની જરૂર પડે છે. ઘુવડના ટેલોન્સ, મોટાભાગના શિકારી પક્ષીઓની જેમ, ફ્લાઇટની બહારના શરીરના કદની તુલનામાં મોટા લાગે છે. ટાસ્માનિયન માસ્ક ઘુવડમાં શિકારના કોઈપણ પક્ષીના પ્રમાણમાં સૌથી લાંબી ટેલોન હોય છે. જ્યારે તેઓ શિકારને પકડવા માટે સંપૂર્ણ રીતે વિસ્તરે છે ત્યારે શરીરની સરખામણીમાં તેઓ પ્રચંડ દેખાય છે. ઘુવડના પંજા તીક્ષ્ણ અને વળાંકવાળા હોય છે. ટાયટોનીડી સમૂહમાં આંતરિક અને મધ્ય અંગૂઠા લગભગ સમાન લંબાઈના હોય છે, જ્યારે સ્ટ્રિગિડી સમૂહનો આંતરિક અંગૂઠો હોય મધ્ય અંગ કરતાં સ્પષ્ટ રીતે ટૂંકો હોય છે. આ વિવિધ મોર્ફોલોજી તેઓ વસવાટ કરતા વિવિધ વાતાવરણને લગતા શિકારને પકડવામાં કાર્યક્ષમતા આપે છે.

ચાંચ

ઘુવડની ચાંચ ટૂંકી, વળાંકવાળી અને નીચે તરફ મુખવાળી હોય છે અને સામાન્ય રીતે તેના શિકારને પકડવા અને ફાડવા માટે તેની ટોચ પર જકડી રાખે છે. એકવાર શિકારને પકડવામાં આવે છે, ટોચ અને નીચલા બિલની કાતર ગતિનો ઉપયોગ પેશીને ફાડવા અને મારવા માટે થાય છે. ઉપલા બિલની તીક્ષ્ણ નીચલી ધાર આ ગતિને પહોંચાડવા માટે નીચલા બિલની તીક્ષ્ણ ઉપલા ધાર સાથે સંકલનમાં કામ કરે છે. નીચે તરફની ચાંચ ઘુવડના દ્રષ્ટિના ક્ષેત્રને સ્પષ્ટ થવા દે છે, તેમજ અવાજના તરંગોને ચહેરાથી દૂર વિચલિત કર્યા વિના કાનમાં ધ્વનિનું નિર્દેશન કરે છે.

કેમોફ્લેજ (છલાવરણ)

ઘુવડના પીંછાનો રંગ તેની સ્થિર બેસી રહેવાની અને પર્યાવરણમાં ભળી જવાની ક્ષમતામાં મુખ્ય ભૂમિકા ભજવે છે, જે તેને શિકાર માટે લગભગ અદ્રશ્ય બનાવે છે. ઘુવડ તેમના આસપાસના રંગ અને કેટલીકવાર ટેક્સચર પેટર્નની નકલ કરે છે; કોઠારનું ઘુવડ એક અપવાદ છે. બરફીલા ઘુવડ, કાળા રંગના થોડા ટુકડાઓ સાથે લગભગ બ્લીચ-સફેદ રંગમાં દેખાય છે, જે તેમના બરફીલા વાતાવરણની સંપૂર્ણ નકલ કરે છે, જ્યારે ટૉની ઘુવડ (સ્ટ્રિક્સ એલુકો) ની સ્પેકલ્ડ બ્રાઉન પ્લમેજ તેને પાનખર વચ્ચે રાહ જોવાની મંજૂરી આપે છે. તે વૂડલેન્ડ તેના રહેઠાણ માટે પસંદ કરે છે. તેવી જ રીતે, ચિત્તદાર લાકડા-ઘુવડ (સ્ટ્રિક્સ ઓસેલેટા) ભૂરા, ટેન અને કાળા રંગના શેડ્સ દર્શાવે છે, જે ઘુવડને આસપાસના વૃક્ષોમાં, ખાસ કરીને પાછળથી લગભગ અદ્રશ્ય બનાવે છે. સામાન્ય રીતે, બેસેલા ઘુવડની એકમાત્ર નિશાની એ તેનો અવાજ અથવા તેની આબેહૂબ રંગીન આંખો છે.

વર્તન

મોટા ભાગના ઘુવડ નિશાચર હોય છે, અંધકારમાં સક્રિયપણે તેમના શિકારનો શિકાર કરે છે. ઘુવડના કેટલાક પ્રકારો, જોકે, ક્રેપસ્ક્યુલર હોય છે - સવાર અને સાંજના સંધિકાળ

દરમિયાન સક્રિય હોય છે; જેનું એક ઉદાહરણ પિગ્મી ઘુવડ (ગ્લાસીડિયમ એસપી) છે. થોડા ઘુવડ દિવસ દરમિયાન પણ સક્રિય હોય છે; બરોઇંગ ઘુવડ (સ્પોટીટો કુનીક્યુલરિયા) અને ટૂંકા કાનવાળું ઘુવડ (એસિયો ફ્લેમિયસ) તેના ઉદાહરણો છે. ઘુવડની મોટાભાગની શિકારની વ્યૂહરચના ચોરી અને આશ્ચર્ય પર આધારિત છે. ઘુવડમાં ઓછામાં ઓછા બે અનુકૂલન હોય છે, જે તેમને શિકાર હાંસલ કરવામાં મદદ કરે છે. પ્રથમ, તેમના પીછાઓનો નીરસ રંગ તેમને અમુક પરિસ્થિતિઓમાં લગભગ અદ્રશ્ય બનાવી શકે છે. બીજું, ઘુવડના રેમિજીસની આગળની ધાર પરની દાણાદાર કિનારીઓ ઘુવડની પાંખના ધબકારાઓને ઓછા કરે છે, જેનાથી ઘુવડની ઉડાન વ્યવહારીક રીતે શાંત રહી શકે છે. કેટલાક માછલી ખાનારા ઘુવડ, જેના માટે મૌનનો કોઈ ઉત્ક્રાંતિ લાભ નથી, આ અનુકૂલનનો અભાવ છે. ઘુવડની તીક્ષ્ણ ચાંચ અને શક્તિશાળી ટેલોન્સ તેને તેના શિકારને સંપૂર્ણપણે ગળી જાય તે પહેલાં તેને મારી નાખવાની મંજૂરી આપે છે (જો તે ખૂબ મોટી ન હોય તો). ઘુવડના આહારનો અભ્યાસ કરતા વૈજ્ઞાનિકોને તેમના શિકારના અજીર્ણ ભાગો (જેમ કે હાડકા, ભીંગડા અને રૂંવાટી) ને લીંડીઓના રૂપમાં પુનઃપ્રાપ્ત કરવાની તેમની આદતથી મદદ મળે છે. ઘુવડની આ લીંડીઓ પુષ્કળ પ્રમાણમાં અને અર્થઘટન કરવા માટે સરળ છે, જે ઘણી વખત શાળાઓ કે કોલેજોમાં વિદ્યાર્થીઓને જીવવિજ્ઞાન વિષયમાં અભ્યાસ તરીકે આપવામાં આવે છે.

સંવર્ધન અને પ્રજનન

ઘુવડના ઈંડાનો રંગ સામાન્ય રીતે સફેદ અને આકાર લગભગ ગોળાકાર હોય છે, અને પ્રજાતિઓ અને ચોક્કસ ઋતુના આધારે તેની સંખ્યા અમુકથી લઈને ડઝન સુધીની હોય છે. મોટાભાગના ઘુવડ માટે ત્રણ અથવા ચારથી વધુ ઈંડા એ સામાન્ય સંખ્યા છે. ઓછામાં ઓછી એક પ્રજાતિમાં માદા ઘુવડ જીવનભર એક જ નર સાથે સંવનન કરતી નથી. માદા ઘુવડ સામાન્ય રીતે મુસાફરી કરે છે અને અન્ય સાથીઓને શોધે છે, જ્યારે નર તેના પ્રદેશમાં રહે છે અને અન્ય માદાઓ સાથે સંવનન કરે છે.

ઉત્ક્રાંતિ

ઘુવડની વ્યવસ્થિત નિયુક્તિ વિવાદિત છે. ઉદાહરણ તરીકે, પક્ષીઓની સિબલી - અહલક્વિસ્ટ વર્ગીકરણ શોધે છે કે, ડીએનએ વર્ણસંકરીકરણના આધારે ઘુવડ ફાલ્કોનીફોર્મસના ક્રમમાં દૈનિક શિકારી કરતાં નાઇટજાર્સ અને તેમના સાથીઓ (કેપ્રીમુલ્ગીફોર્મ્સ) સાથે વધુ નજીકથી સંબંધિત છે. પરિણામે, કેપ્રીમુલ્ગીફોર્મ્સને સ્ટ્રિગીફોર્મ્સમાં મૂકવામાં આવે છે, અને સામાન્ય રીતે ઘુવડ એક સ્ટ્રિગિડી સમૂહ બની જાય છે. તાજેતરનો અભ્યાસ સૂચવે છે કે એસીપીટ્રિડ્સના જીનોમની તીવ્ર પુનઃરચનાથી ઘુવડ જેવા જૂથો સાથેના તેમના કોઈપણ ગાઢ સંબંધને અસ્પષ્ટ કરી શકાય છે. કોઈ પણ સંજોગોમાં, કેપ્રીમુલ્ગીફોર્મ્સ, ઘુવડ, બાજ અને એસીપીટ્રીડ રેપ્ટર્સના સંબંધો ઉકેલાતા નથી. હાલમાં, દરેક જૂથને (એસિપિટ્રિડ્સના સંભવિત અપવાદ સાથે) એક અલગ ક્રમ તરીકે ધ્યાનમાં લેવાનું વલણ વધી રહ્યું છે.

ઘુવડની લગભગ ૨૨૦ થી ૨૨૫ વર્તમાન પ્રજાતિઓ જાણીતી છે, જે બે પરિવારોમાં વિભાજિત છેઃ ૧. લાક્ષણિક ઘુવડ અથવા સાચા ઘુવડ (સ્ટ્રિગિડી) અને ૨. બાર્ન ઘુવડ (ટાયટોનીડી). અશ્મિ અવશેષોના આધારે કેટલાક લુપ્ત પરિવારો પર પણ સંશોધન શક્ય બન્યું છે. આ ઘુવડ ઓછા વિશિષ્ટ અથવા ખૂબ જ અલગ રીતે વિશિષ્ટ હોવાના કારણે આધુનિક ઘુવડ કરતા ઘણા અલગ છે. પેલેઓસીન વંશ બેરુઓર્નિસ અને ઓગીગોપ્ટિન્ક્સ દર્શાવે છે કે ઘુવડ લગભગ ૬૦-૫૭ મિલિયન વર્ષો પહેલા એક અલગ વંશ તરીકે હતા, તેથી બિન-એવિયન ડાયનાસોરની લુપ્તતા સમયે સંભવતઃ લગભગ ૫ મિલિયન વર્ષો પહેલા પણ વસવાટ કરતા હતા. આ તેમને બિન-ગેલોનસેરી ભૂમિ પક્ષીઓના સૌથી જૂના જાણીતા જૂથોમાંનું એક બનાવે છે.

પેલીઓસિન દરમિયાન સ્ટ્રિગીફોર્મ્સ ઇકોલોજીકલ માળખામાં ફેલાય છે, જે હવે મોટાભાગે પક્ષીઓના અન્ય જૂથો દ્વારા દર્શાવાય છે. ઘુવડ જે આજે જાણીતા છે, તેમ છતાં, તે સમય દરમિયાન તેમની લાક્ષણિકતા અને અનુકૂલનો પણ વિકસિત થયા હતા. પ્રારંભિક નિયોસીન અન્ય પક્ષીઓના આદેશો દ્વારા વિસ્થાપિત અન્ય વંશને વિસ્થાપિત કરી દીધું હતું, જેમાં માત્ર કોઠારના ઘુવડ અને લાક્ષણિક ઘુવડ જ રહ્યા હતા. તે સમયે સામાન્ય રીતે આજના નોર્થ અમેરિકન સ્પોટેડ ઘુવડ અથવા યુરોપિયન ટૉની ઘુવડ જેવા સામાન્ય પ્રકારના (કદાચ કાન વગરના) ઘુવડ હતા. આજે લાક્ષણિક ઘુવડમાં જોવા મળતા કદ અને ઇકોલોજીની વિવિધતા સારી રીતે વિકસિત થઈ છે.

પેલીઓસિન-નિયોસીન યુગની આસપાસ, કોઠાર ઘુવડ દક્ષિણ યુરોપ અને ઓછામાં ઓછા અડીને આવેલા એશિયામાં ઘુવડના પ્રબળ જૂથ હતા. અશ્મિભૂત અને હાલના ઘુવડના વંશનું વિતરણ સૂચવે છે કે તેમનો ઘટાડો લાક્ષણિક ઘુવડના વિવિધ મુખ્ય વંશના ઉત્ક્રાંતિ સાથે સમકાલીન છે, જે મોટાભાગે યુરેશિયામાં થયો હોવાનું જણાય છે. અમેરિકામાં તેના બદલે પૂર્વજોના લાક્ષણિક ઘુવડના ઇમિગ્રન્ટ વંશનું વિસ્તરણ થયું.

અશ્મિભૂત બગલા (આર્ડિયા પર્પ્લેક્સા) (સાનસાન, ફ્રાન્સના મધ્ય મિઓસીન) અને આર્ડિયા લિગ્નીટમ (જર્મનીના અંતમાં પ્લિયોસીન) ઘુવડ હતા. બાદમાં દેખીતી રીતે આધુનિક જીનસ બુબોની નજીક હતું. આના આધારે, ફ્રાન્સના અંતમાં મિયોસીન અવશેષો જેને આર્ડિયા ઓરેલિએન્સિસ તરીકે વર્ણવવામાં આવ્યા છે તેનો પણ ફરીથી અભ્યાસ કરવો જોઈએ. મેસેલેસ્ટુરીડે, જેમાંથી કેટલાકને શરૂઆતમાં બેઝલ સ્ટ્રિગિફોર્મ્સ માનવામાં આવતું હતું, હવે સામાન્ય રીતે શિકારના દૈનિક પક્ષીઓ તરીકે સ્વીકારવામાં આવે છે, જે ઘુવડ તરફ કન્વર્જન્ટ ઉત્ક્રાંતિ દર્શાવે છે. સ્ટ્રાઇગોજીપ્સ હેઠળ એકીકૃત થયેલા ટેક્સાને અગાઉ ઘુવડ, ખાસ કરીને સોફિઓર્નિથિડે, સાથેના ભાગમાં મૂકવામાં આવતા હતા, તેના બદલે તેઓ અમેગિનોર્થઇડી હોવાનું પણ જણાય છે.

2

ઘુવડ વિશેની સર્વગ્રાહી માહિતી

ઘુવડ એ સ્ટ્રિગિફોર્મ્સ તરીકે ઓળખાતા પક્ષીઓનો વિશ્વવ્યાપી સમૂહ છે અને ૨૧૬ પ્રજાતિઓ નાના, ચકલી કદના, એલ્ફ ઘુવડથી લઈને યુરેશિયન ગરુડ ઘુવડ સુધીની શ્રેણી ધરાવે છે, જેની પાંખો લગભગ ૨ મીટર જેટલી હોય છે અને તેનું વજન લગભગ ૫ કિલો હોય છે. તેઓ હિંસક પક્ષીઓનું એક જૂથ છે, જેની લાક્ષણિકતા છે મોટી આગળ મુખવાળી આંખો, જે ટૂંકા સખત પીછાઓની ચહેરાની ડિસ્ક અને સીધી મુદ્રાથી ઘેરાયેલી હોય છે. ઘુવડનો મોટો હિસ્સો નિશાચર છે. તેઓ બાજ, ગરુડ અને બઝાર્ડ જેવા શિકારી પક્ષીઓની સમકક્ષ સ્થાન ધરાવે છે પરંતુ તેઓ વાસ્તવમાં સંબંધિત નથી. શિકારના દિવસના પક્ષીઓ સાથે સામ્યતા એ કન્વર્જન્ટ ઉત્ક્રાંતિનું ઉદાહરણ છે, જ્યાં બંને જૂથોએ સ્વતંત્ર રીતે હૂક કરેલી ચાંચ અને ટેલોન્સ જેવી ઘણી વિશેષતાઓ વિકસાવી છે. ઘુવડ બધા એકબીજા સાથે ખૂબ જ નજીકથી સંબંધિત છે દા.ત. દૈનિક રાપ્ટર્સ કે જેમાં ગીધ, સેક્રેટરી બર્ડ્સ, ફાલ્કન વગેરે જેવા અલગ-અલગ પક્ષીઓનો સમાવેશ થાય છે.

ઘુવડમાં પ્રથમ સમૂહ ટાયટોનીડી છે, જે કોઠાર અને ઘાસના ઘુવડની ૧૭ પ્રજાતિઓ અને ખાડી ઘુવડની એક પ્રજાતિથી બનેલું છે. આ પરિવારના સભ્યો અન્ય ઘુવડ કરતા તદ્દન અલગ છે અને ઘણા તફાવતો ધરાવે છે. ચહેરાની ગોળ ડિસ્કને બદલે હૃદયના આકારની, લાંબી ખોપરી અને ચાંચ, લાંબા પગ, લાંબી અને વધુ પોઇન્ટેડ પાંખો અને કાંટાવાળી પૂંછડી સૌથી વધુ સ્પષ્ટ બાહ્ય છે. ગ્રાસ ઘુવડ આફ્રિકા, દક્ષિણ પૂર્વ એશિયા અને ઓસ્ટ્રેલિયામાંથી આવે છે અને તે બાર્ન ઘુવડ જેવા જ હોય છે પરંતુ તેના પગ લાંબા હોય છે.

અન્ય તમામ ૧૯૮ ઘુવડ સ્ટ્રિગિડે સમૂહમાં છેઃ ઘુવડ માટે સામૂહિક સંજ્ઞા "સંસદ" છે.

ખોરાક અને શિકાર

બધા ઘુવડ શિકારી છે અને શિકારનું કદ સામાન્ય રીતે ઘુવડના કદ દ્વારા પ્રતિબિંબિત થાય છે. ઇલ્ફ ઘુવડ અને પિગ્મી ઘુવડ વિવિધ પ્રકારના જંતુઓ, કરોળિયા અને અન્ય અપૃષ્ઠવંશી પ્રાણીઓનો શિકાર કરે છે, જો કે, કેટલાક તદ્દન ખાઉધરા પણ હોય છે અને પક્ષીઓને પોતાના જેટલા મોટા લઈ શકે છે. ગરુડ ઘુવડ, અન્ય આત્યંતિક રીતે, ગોલ્ડન ઇગલ્સ અને ૧૩ કિલોના હરણ તેમજ શિયાળ, બગલા, પાળેલા કૂતરા જેવા ભયંકર શિકાર માટે જાણીતા છે. એક પુખ્ત સાઇબેરીયન ઇગલ ઘુવડ ૩ કે ૪ વરુનો એક જ સમયે શિકાર

કરી શકે છે.

સામાન્ય રીતે ઘુવડ દ્વારા શિકાર બે અલગ અલગ રીતે કરવામાં આવે છે. પ્રથમ પેર્ચ શિકાર છે, જ્યાં પક્ષી શાબ્દિક રીતે બેસે છે અને શિકારની વસ્તુ સ્થિત ન થાય ત્યાં સુધી યોગ્ય પેર્ચ પર રાહ જુએ છે. બીજી ટેકનિક ફ્લાઇટ હન્ટિંગ છે જ્યાં ઘુવડ નીચી ઊંચાઇએથી જમીન પર ધીમે ધીમે ઉપર તરફ પ્રયાણ કરે છે, શિકારની શોધ કરે છે અને સાંભળે છે અને જ્યારે ખોરાકની શોધ થાય છે ત્યારે નીચે ડાઇવિંગ કરે છે. પાંખોની લંબાઈ સામાન્ય રીતે શિકારની પસંદગીની પદ્ધતિનો સારો સંકેત છે - પેર્ચ શિકાર માટે ટૂંકી પાંખો અને ફ્લાઇટ શિકાર માટે લાંબી પાંખો.

મોટાભાગના ઘુવડ તકવાદી હોય છે અને વર્ચ્યુઅલ રીતે જે કંઈપણ કરે છે તે વાજબી હોય છે. કેટલીક પ્રજાતિઓ વધુ વિશિષ્ટ ફીડર છે, ખાસ કરીને માછલી અને માછીમારી ઘુવડ. ઘુવડની આ બે જાતિઓ છે, એક એશિયાની અને બીજી આફ્રિકાની જેના સભ્યો મુખ્યત્વે માછલીઓ, ઉભયજીવીઓ અને જળચર અપૃષ્ઠવંશી પ્રાણીઓને ખવડાવે છે, જે પાણીની સપાટીની નીચેથી છીનવી જાય છે. અન્ય કોઈ પ્રજાતિઓ એટલી વિશિષ્ટ નથી પરંતુ અમુક ચોક્કસ શિકારને પસંદ કરે છે. આફ્રિકાનું મિલ્કી ઇગલ ઘુવડ વિવિધ પ્રકારના શિકારને ખવડાવે છે. પરંતુ જ્યાં રેન્જ ઓવરલેપ થાય છે, તે હેજહોગ્સ માટે ખાસ કરીને આંશિક લાગે છે. યુરેશિયન ગરુડ ઘુવડ અન્ય શિકારી પક્ષીઓ, ખાસ કરીને અન્ય ઘુવડ સામે બદલો લેતો જણાય છે.

પેલેટ્સ

ઘુવડની ખોરાકની ટેવો વિશે ખુબ ઓછી જાણકારી છે, કારણ કે તેમની પાચન પ્રક્રિયાની અમુક અક્ષમતા છે. વિવિધ ક્રમમાં પક્ષીઓની ૩૦૦ થી પણ વધુ પ્રજાતિઓ અજીર્ણ સામગ્રીની પેલેટ્સને પુનઃપ્રાપ્ત કરવા માટે જાણીતી છે. આ આંકડામાં ઘુવડની તમામ પ્રજાતિઓનો સમાવેશ થાય છે. ઘુવડની પેલેટ્સ ઘણા કારણોસર એટલી માહિતીપ્રદ છે. સૌપ્રથમ ઘુવડમાં તુલનાત્મક રીતે નબળા બીલ હોય છે અને ઘણીવાર શિકાર જે ખૂબ મોટો ન હોય તેને સંપૂર્ણપણે ગળી જાય છે, જે ખોપરી સહિત શિકારના હાડપિંજરને અકબંધ છોડી દે છે. મોટાભાગના અન્ય પક્ષીઓથી વિપરીત ઘુવડનો કોઈ ક્રોપ હોતો નથી, અને ખોરાક સીધો આગળના ભાગમાં જાય છે (તેઓ પાસે સાચું પેટ હોતું નથી). ઘુવડના આંતરડામાં એસિડ ૨.૨-૨.૫ pH જેટલું નબળું છે, જે સરકો સમાન છે, આ શિકારના દૈનિક પક્ષીઓ સાથે સરખાવે છે, જેનું pH ૧.૩-૧.૮ છે, જે કેન્દ્રિત હાઇડ્રોક્લોરિક એસિડના pH ની નજીક છે. આનો અર્થ એ છે કે ઘુવડ ફક્ત નરમ પેશીઓને જ પચાવી શકે છે. હાડકાં, ફર અને પીંછા વર્ચ્યુઅલ રીતે અકબંધ રહે છે. આગળના ભાગમાંથી પાચનતંત્રના બાકીના ભાગમાં પ્રવેશવાનો ભાગ નાનો છે અને કોઈપણ અપાચ્ય પદાર્થને તેમાંથી પસાર થતા અટકાવે છે. તેના બદલે, પાછળ રહે છે જ્યાં તેને અંડાકાર પેલેટમાં સંકુચિત કરવામાં આવે છે અને પછી તે અન્નનળી દ્વારા સક્રિય રીતે પુનઃપ્રાપ્ત થાય છે. ઘુવડની પેલેટ્સ તેથી જ ખોપરી, રૂંવાટી, પીંછા, જંતુઓના બાહ્ય પિંજર અને અળસિયામાંથી ચેતા (બ્રિસ્ટલ્સ) સહિતના હાડકાં ધરાવે છે અને તેથી ઘુવડ શું ખાય છે તે

શોધવું એકદમ સરળ છે.

ઘુવડ તેના પેલેટ્સને ફરીથી બહાર કાઢી શકે છે જે તેનું રોજીંદુ કાર્ય છે. મોટાભાગના પક્ષીઓ શિકાર માટે પેલેટ્સને બહાર કાઢતા પહેલા બીજી એક પેલેટ્સ પેદા કરે છે. મોટે ભાગે, બીજી નાની પેલેટ્સ સવારની આસપાસ શિકારના બીજા મુખ્ય સમયગાળા પહેલા રાત્રિ દરમિયાન ઉત્પન્ન થાય છે. પેલેટ્સનું કદ, આકાર અને તેનો દેખાવ સામાન્ય રીતે ઘુવડની પ્રજાતિની લાક્ષણિકતા છે (દા.ત. બ્રિટિશ ઘુવડ).

આંખો

મુખ્યત્વે નિશાચર વૃત્તિઓને કારણે ઘુવડોએ ઘણા શારીરિક અનુકૂલન વિકસાવ્યા છે, જે અંધારામાં શિકારને પકડવામાં મદદ કરે છે. બધા ઘુવડમાં આગળની તરફ મોટી આંખો હોય છે જે સારી સ્ટીરિયોસ્કોપિક દ્રષ્ટિ આપે છે, જે અંતર નક્કી કરવા માટે ખુબ જ મહત્વપૂર્ણ છે. ખરેખર, ઘુવડની આંખો સૌથી આગળ તરફ હોય છે અને તેથી તે તમામ પક્ષીઓની શ્રેષ્ઠ સ્ટીરિયોસ્કોપિક દ્રષ્ટિ ધરાવે છે. નાની જાતિઓમાં, માથું ઘણીવાર ચપટું દેખાય છે જેથી સ્ટીરિઓસ્કોપિક અસરને વધારવા માટે આંખો શક્ય તેટલી વ્યાપક રીતે અંતરે રહી શકે. લંબન અસર તરીકે ઓળખાતા ભિન્ન પરિપ્રેક્ષ્ય આપવા માટે માથાને બોબિંગ અથવા વણાટ દ્વારા ઘણીવાર આને વધુ વધારવામાં આવે છે.

ઘુવડની આંખો બીજા શિકારી પક્ષીઓ કરતા પ્રમાણમાં ઘણી મોટી હોય છે, જેનું વજન ઘણીવાર ઘુવડના પોતાના શરીરના વજન જેટલું જ હોય છે. ઓછી પ્રકાશની તીવ્રતામાં સંવેદનશીલતા વધારવા માટે તેઓ નિશાચર પ્રજાતિઓમાં સંશોધિત થાય છે. તેઓ ગોળાકારને બદલે ટ્યુબ્યુલર હોય છે, જે આંખના એકંદર કદના પ્રમાણમાં પ્રમાણમાં મોટી કોર્નિયા આપે છે અને આંખમાં વધુ પ્રકાશ પ્રવેશી શકે છે. પ્રકાશ કિકીમાંથી પસાર થાય છે (જે મેઘધનુષ દ્વારા તેજસ્વી પ્રકાશમાં નાની કિકી સુધી બંધ કરી શકાય છે અથવા એટલી પહોળી ખોલવામાં આવે છે કે રાત્રે વર્ચ્યુઅલ રીતે લેન્સ સુધી કોઈ મેઘધનુષ દેખાતું નથી). આ વિશાળ અને બહિર્મુખ છે, જેના કારણે ઇમેજ લેન્સની નજીક કેન્દ્રિત થાય છે તેથી મહત્તમ તેજ જાળવી રાખે છે. એક ખામી એ છે કે ઘુવડ લાંબા દૃષ્ટિવાળા હોય છે, અને તે નજીકની વસ્તુઓ પર ધ્યાન કેન્દ્રિત કરી શકતા નથી. ચાંચની આસપાસ સ્પર્શેન્દ્રિય બરછટ આ પ્રક્રિયામાં આંશિક રીતે લાભ આપે છે. ટ્યુબ્યુલર આકાર પણ પ્રમાણમાં મોટી રેટિનાનું કદ આપે છે જે પ્રકાશ સંવેદનશીલ તંતુઓથી ભરેલું હોય છે. જે ટૉની ઘુવડમાં લગભગ ૫૬,૦૦૦ પ્રતિ ચોરસ મીમી જેટલું હોય છે. આ તંતુઓ ઓછા પ્રકાશના સ્તરે શંકુ કરતાં વધુ સંવેદનશીલ હોય છે. ઘુવડની આંખના અસાધારણ પ્રકાશ એકત્રીકરણ ગુણધર્મોને ઘણી પ્રજાતિઓમાં રેટિના પાછળના પ્રતિબિંબીત સ્તર દ્વારા વધુ વધારવામાં આવે છે, જેને ટેપેટમ લ્યુસિડમ કહેવાય છે, જે પ્રથમ વખત અથડાયા વિના રેટિનામાંથી પસાર થયેલા કોઈપણ પ્રકાશને તંતુ પર પાછું પરાવર્તિત કરે છે. ટૉની ઘુવડમાં બધા ઘુવડની શ્રેષ્ઠ વિકસિત આંખો હોય છે, ખરેખર તમામ કરોડઅસ્થિધારી પ્રાણીઓમાં આંખો કદાચ આપણા પોતાના કરતા ઓછા પ્રકાશના સ્તરે લગભગ ૧૦૦ ગણી વધુ સંવેદનશીલ હોય છે.

લગભગ બધા જ ઘુવડની આંખોમાં રંગ સંવેદનશીલ શંકુ હોય છે. માનવીઓ કરતાં ઓછા પ્રકાશ સંવેદનશીલ શંકુ હોવા છતાં, તેઓ કદાચ અમુક અંશે રંગો શોધી શકે છે. તેઓ ચોક્કસપણે દિવસના પ્રકાશમાં આંધળા નથી હોતા અને કેટલાક, ગરુડ ઘુવડની જેમ, આપણા કરતાં વધુ સારી રીતે દિવસની દ્રષ્ટિ ધરાવે છે. જો કે, આપણી રાત્રિના સમયની દ્રષ્ટિ, કેટલાક દૈનિક પિગ્મી ઘુવડ કરતાં વધુ સારી છે. ઘુવડ કદ અને ટ્યુબ્યુલર આકારને કારણે સોકેટ્સમાં તેમની આંખો ખસેડવામાં અસમર્થ છે. તેમની પાસે છેતરામણી રીતે લાંબી લવચીક ગરદન છે, જે તેમને તેમના માથાને ૨૭૦ ડિગ્રીના અંશે આડી દિશામાં અને ઓછામાં ઓછા ૯૦ ડિગ્રી ઊભી રીતે ફેરવવા માટે સક્ષમ બનાવે છે.

પ્લમેજ (પીંછા)

મુખ્યત્વે નિશાચર હોવાને કારણે, ઘુવડને દૃષ્ટિની રીતે પ્રદર્શિત કરવાની જરૂર હોતી નથી અને તેથી તેમના પીંછાઓ સામાન્ય રીતે કાળા, ભૂરા અને રાખોડી રંગના ચિત્તદાર શેડ્સ હોય છે, જે તેમને દિવસના સમયે સંભવિત શિકારી અને અન્ય પક્ષીઓથી છુપાવવા માટે પેટર્નવાળી હોય છે, જે તેમને છુપાવી શકે છે. બરફીલા ઘુવડ, તેના સફેદ પ્લમેજ સાથે વિશિષ્ટ હોવા છતાં, આર્કટિક બરફ સાથે સંપૂર્ણ રીતે ભળી જાય છે જે ઘણીવાર જમીન પર હોય છે જ્યારે માદા તેના ઇંડાને સેવતી હોય છે. બાર્ન ઘુવડનું પ્લમેજ વધુ જટિલ હોય છે. જો ઉપરથી જોવામાં આવે તો, લાંબા ક્રમના ઘાસના મેદાનના તેના મનપસંદ નિવાસસ્થાન પર શિકાર કરતી વખતે હુમલાની સૌથી સંભવિત દિશા તેના લાંબા ઘાસના ભૂરા મૃત દાંડી સાથે, તે લગભગ દૃષ્ટિથી અદૃશ્ય થઈ જાય છે કારણ કે તે સેંડસ્ટોન ખડકોમાં તેના મૂળ માળખામાં કરે છે. જ્યારે તે દિવસના પ્રકાશમાં શિકાર કરે છે ત્યારે સફેદ અંડર-પાર્ટ્સ તેને આકાશ સામે ઓછા દેખાતા બનાવે છે, જે તે ત્યારે જ કરે છે જ્યારે ખોરાકની અછત હોય અથવા જ્યારે માળામાં બચ્ચાઓ હોય. કેટલીક પ્રજાતિઓમાં માથાની પાછળ રહેલા કાનની ગાંઠો એ માત્ર પીછાઓ જ હોય છે જેને કાન સાથે કોઈ લેવાદેવા નથી. તેઓ ઘુવડની રૂપરેખાને તોડીને અને તેમની મુદ્રા તેમના મૂડને સંચાર કરીને છદ્માવરણ તરીકે ઉપયોગ કરી શકાય છે.

મોટાભાગના ઘુવડમાં રક્ષણાત્મક મુદ્રા હોય છે, જેનો ઉપયોગ સંભવિત દુશ્મનોને ડરાવવા માટે થાય છે જે પ્રજાતિઓથી પ્રજાતિઓમાં બદલાય છે. પરંતુ સામાન્ય રીતે પાંખો શરીરની આસપાસ ફેલાયેલી હોય છે અને માથું નીચું હોય છે અને પીંછા ઉપર ફૂંકાય છે. આ બધું એવી છાપ આપે છે કે ઘુવડ ઘણું મોટું છે અને જ્યારે "બિલ ક્લિકિંગ" સાથે આવે છે, ત્યારે શરીરને એક બાજુથી બીજી બાજુ હલાવવા અને હલાવવાનું સામાન્ય રીતે મોટાભાગના શિકારીઓને ભગાડવા માટે પૂરતું છે. ઘુવડની પાંખો પરના પીંછામાં ઘણી વિશિષ્ટ વિશેષતાઓ છે. સૌપ્રથમ, તેમની ઉપરની સપાટી નીચી હોય છે, જે પાંખોના ધબકારા સાથે એકબીજાની ઉપર ખસી જતાં અવાજ ઘટાડે છે. બીજું, બાહ્ય પ્રાઇમરીઓમાં તેમની આગળની કિનારી પર ફ્રિન્જ જેવો સખત કાંસકો હોય છે, જે હવાને કાપીને તેમની ઉપરના હવાના પ્રવાહમાં ફેરફાર કરે છે, જે અવાજ ઘટાડે છે. છેલ્લે, પાંખની પાછળની ધાર પર, પીછાઓ પર ફ્રિન્જ જેવા નરમ વાળ હોય છે, જે પાંખની પાછળની હવાની

અશાંતિ ઘટાડે છે. આ ફેરફારોનું ચોખ્ખું પરિણામ અલ્ટ્રાસોનિક સ્તરે પણ સંપૂર્ણપણે શાંત ઉડાન છે જેનો અર્થ એ છે કે શિકારને હુમલાની અગાઉથી ચેતવણી આપવામાં આવતી નથી અને પક્ષી અન્ય પક્ષીઓ દ્વારા કબજે કરેલા ઘોંઘાટીયા પાંખોના ધબકારા વિના તેની અદભૂત શ્રવણશક્તિનો શ્રેષ્ઠ ઉપયોગ કરી શકે છે.

આ ઉપરાંત, ઘુવડનો પ્લમેજ ખૂબ જાડો અને નીચો હોય છે, જે રાત્રે શિકાર કરતી વખતે શરીરની મહત્વપૂર્ણ ગરમી જાળવી રાખે છે. આનાથી ઘુવડ ખરેખર છે તેના કરતા મોટા દેખાય છે. મોટાભાગના ઘુવડ તેમના કદ માટે ભ્રામક રીતે હળવા હોય છે. મોટાભાગની પાંખો પણ ઘણી મોટી અને પહોળી હોય છે, જે શરીરના ઓછા વજન સાથે તેમને ખૂબ જ ઓછી પાંખો લોડિંગ આપે છે, તેથી જ તેમની ઉડાન એટલી ઉદાર અને જીવાત જેવી હોય છે. આનાથી તેઓ ખૂબ જ ઓછી ઝડપે ઉડી શકે છે, જે શિકારને શોધવાની શક્યતાઓને સુધારે છે, અને તે તેમને માળામાં ખૂબ ભારે ભાર વહન કરવા દે છે. જાડા નરમ પ્લમેજ ઘુવડને ઇન્સ્યુલેટ કરે છે જ્યારે તે ઠંડા રાત્રિના તાપમાનના સંપર્કમાં આવે છે, અને મોટાભાગની પ્રજાતિઓમાં (ચોક્કસપણે તમામ ઉત્તરીય પ્રજાતિઓ), પગના પીંછા પગની નીચે અને ક્યારેક અંગૂઠાની ઉપર પણ લંબાય છે.

પગ

ઘુવડના પગ તેની ઇકોલોજીના આધારે પ્રજાતિઓ વચ્ચે નોંધપાત્ર રીતે બદલાય છે. બધી જાતિઓમાં આશ્ચર્યજનક રીતે લાંબા પગ હોય છે, જેમાંથી મોટા ભાગના નરમ પેટના પીછાઓમાં છુપાયેલા હોય છે. બાર્ન ઘુવડના લાંબા છૂટાછવાયા પીંછાવાળા પગ હોય છે જેનો ઉપયોગ લાંબી વનસ્પતિમાંથી શિકારને છીનવી લેવા માટે કરે છે. સમશીતોષ્ણ ઝોનમાં હોવા છતાં, જો તે ભીના ઘાસમાં શિકાર કરે તો પક્ષીના પગને સોજા થતા અટકાવે છે. આફ્રિકા, એશિયા અને ઑસ્ટ્રેલિયાના ઘાસના ઘુવડ લાંબા ઘાસમાં શિકાર કરે છે અને તેમના પગ પણ લાંબા હોય છે.

ગરુડ ઘુવડની યુરોપીયન પેટા-પ્રજાતિ ઉત્તર અને મધ્ય યુરોપમાં ઘણી વાર ઘણી ઊંચી ઊંચાઈએ જોવા મળે છે અને તેના પગ અને અંગૂઠા પીછાઓથી ઢંકાયેલા હોય છે. આર્કટિક સર્કલની આસપાસના બરફીલા ઘુવડમાં સૌથી વધુ ઢંકાયેલું છે. આ પીછાઓ ઘુવડને શિકાર દ્વારા કરડવાથી બચાવવામાં પણ મદદ કરે છે. મોટાભાગની માછલીઓ અને માછીમારી ઘુવડના પગ અને પગ એકદમ ખુલ્લા હોય છે, આ સ્થિતિમાં પીછાઓ પાણીથી ભરાઈ જાય છે. ઉત્તર અને દક્ષિણ અમેરિકાના બરોઇંગ ઘુવડ પ્રેઇરી મામીટ્સ અને વિસ્કાચાસના બરોમાં પ્રેરી અને પમ્પાસ પર રહે છે, ક્યારેક ક્યારેક તે તેના ખૂબ લાંબા પગનો ઉપયોગ કરીને પોતાની રીતે ખોદકામ પણ કરે છે. તે અત્યંત પાર્થિવ છે, ઘણીવાર પગ પર અપૃષ્ઠવંશી પ્રાણીઓનો પીછો કરે છે, અને તેના પગમાંથી વધારાની ઊંચાઈ મેળવે છે, જે સપાટ ઘાસના મેદાનો પર શિકારીનું વધુ સારું દૃશ્ય આપે છે. બધા ઘુવડનો બાહ્ય અંગૂઠો લવચીક હોય છે. બાકીના સમયે, તે બાજુમાં સહેજ ચોંટીને આશરે આગળ તરફ નિર્દેશ કરે છે, પરંતુ શિકારને પકડવા માટે વિસ્તાર અને વધુ સારી પકડ આપવા માટે તેને પાછળની તરફ કોણીય કરી શકાય છે.

સંવર્ધન

સંવર્ધન શબ્દને તેના યોગ્ય અર્થમાં ઘુવડ પોતાનો માળો બાંધે તેવું કહી શકાય. નાના ઘુવડ પહેલેથી જ બનાવેલા માળાનો ઉપયોગ કરે છે, જયારે કેટલાક મોટા ઘુવડ થોડી વધુ ઊંડાઈ અથવા છીછરી માટીમાં ખાડો કરી શકે છે, પરંતુ અન્ય પક્ષીઓ દ્વારા ઉત્પાદિત અજાયબીઓ સાથે સરખાવી શકાય તેવું કંઈ નથી. માળાની જગ્યાઓ અલગ-અલગ હોય છે પરંતુ વૃક્ષોના પોલાણ એ ઘણી પ્રજાતિઓ માટે પસંદગીની જગ્યા છે. પિશાચ ઘુવડ ગીલા વૂડપેકર દ્વારા બનાવેલા સાંગુઆરો કેક્ટસમાં છિદ્રોમાં માળો બાંધે છે. ઘાસના ઘુવડ લાંબા ઘાસમાં ટનલ અને માળો બનાવી નાખે છે, જ્યારે મોટી પ્રજાતિઓ કાગડાના જૂના લાકડીના માળાઓનો ઉપયોગ કરે છે (દા.ત. દિવસના શિકારી પક્ષીઓ). અમેરિકન ગ્રેટ હોર્ન્ડ ઘુવડ ઘણીવાર લાલ પૂંછડીવાળા બઝાર્ડ્સ જેવા મોટા રેપ્ટર્સને બહાર કાઢે છે અને તેમના માળાઓ પર કબજો કરે છે. ટૉની ઘુવડ ઘણીવાર જૂની ખિસકોલીના માળાઓનો ઉપયોગ કરે છે, અને આફ્રિકામાં બાર્ન ઘુવડ હેમરકોપ્સ (સ્ટોર્ક – ઢોંક જેવા પક્ષી) દ્વારા બનાવેલી વિશાળ લાકડીની રચનાનો ઉપયોગ કરે છે. ઘણી પ્રજાતિઓને નેસ્ટ બોક્સનો ઉપયોગ કરવા માટે પ્રોત્સાહિત કરી શકાય છે અને તેનો ઉપયોગ પ્રાકૃતિક સ્થળો કરતાં પણ વધુ થઈ શકે છે. ઘણા ઘુવડ તદ્દન પ્રાદેશિક હોય છે, ખાસ કરીને સંવર્ધન ઋતુ દરમિયાન. કેટલીકવાર અપવાદરૂપે ઘુવડની અન્ય પ્રજાતિઓ અન્ય આત્યંતિક પ્રજાતિઓના માળાના સ્થળને આગામી સંવર્ધન ઋતુ માટે પણ સાચવી રાખે છે.

ઘુવડ દ્વારા સંવર્ધનની ઋતુઓ હંમેશા એવી રીતે પસંદ કરવામાં આવે છે કે બચ્ચાઓનો ઉછેર ખોરાકની ટોચની ઉપલબ્ધતા સાથે થાય. શિકાર સૌથી વધુ સંખ્યામાં હોય ત્યારે આ હંમેશા નથી હોતું, પરંતુ જ્યારે તે વધેલી સંખ્યામાં પકડવામાં સક્ષમ હોય છે. આ ઘટતા વનસ્પતિ આવરણના પરિણામે હોઈ શકે છે, અથવા જ્યારે શિકાર વધુ સક્રિય હોય છે અથવા તેમના પ્રદેશોના બચાવમાં અવાજ ઉઠાવે છે ત્યારે તેમને વધુ સરળતાથી પકડવામાં આવે છે. કેટલીક પ્રજાતિઓમાં આનો અર્થ એ થાય છે કે ઇંડા ખૂબ જ વહેલા મુકવામાં આવે છે. કેટલીકવાર જયારે જમીન પર બરફ હોય છે ત્યારે ધીમી વૃદ્ધિ પામતા બચ્ચાને આગામી શિયાળા પહેલા વધુ અસરકારક રીતે શિકાર કેવી રીતે કરવો તે શીખવા માટે વધુ સમય આપે છે.

બધા ઘુવડ સફેદ ઈંડા મૂકે છે, જે સૂચવે છે કે તે બધા એક છિદ્ર-માળાના પૂર્વજમાંથી વિકસિત થયા છે. શ્યામ છિદ્રોમાં શિકારીથી ઈંડાને છુપાવવા માટે વિસ્તૃત ચિહ્નોની જરૂર નથી, ખરેખર સફેદતા તેમને માતાપિતા માટે વધુ દૃશ્યમાન બનાવી શકે છે. અમુક ઇંડામાંથી પ્રકાશ ઉદભવે છે, જેથી આપણે વિકાસશીલ ગર્ભ પણ જોઈ શકીએ છીએ. વિકાસશીલ બચ્ચાને ખવડાવવા અને ઓક્સિજનને લોહીના પ્રવાહમાં શોષવા માટે રક્તવાહિનીઓ રચાય છે. ઈંડાની અંદરની જરદી દેખાતી નથી પરંતુ તે વિકાસ પામતા બચ્ચા ને ખવડાવવા માટે જ હોય છે.

ઘુવડમાં ઇંડાંની સંખ્યા પ્રજાતિઓથી પ્રજાતિઓ, વર્ષ દર આ વર્ષે અને વ્યક્તિગત પક્ષીઓ પ્રમાણે બદલાય છે. સામાન્ય રીતે, મોટા પક્ષીઓ ઓછા ઇંડા મૂકે છે, અને

ઉષ્ણકટિબંધીય પ્રદેશોના પક્ષીઓ વધુ આત્યંતિક અક્ષાંશોના પક્ષીઓ કરતાં ઓછા ઇંડા મૂકે છે. સમશીતોષ્ણ અને ઉપ-આર્કટિક પ્રદેશોમાં કેટલીક પ્રજાતિઓ જેમ કે સ્નોવી આઉલ ટૂંકા કાનવાળું ઘુવડ અને બાર્ન ઘુવડ ઈંડાના ક્લચનું કદ વધારી શકે છે કારણ કે શિકારની ઉપલબ્ધતા વધે છે. આર્કટિક પ્રદેશોમાં જ્યારે લેમિંગ અથવા વોલની વસ્તી સંપુર્ણઁપણે ઘટી જાય છે, ત્યારે ઘુવડ સંવર્ધન ક્રિયા સંપૂર્ણપણે છોડી દે છે.

ઘુવડના ઇંડા પ્રમાણમાં વધુ કે ઓછા પ્રમાણમાં ગોળાકાર હોય છે. મોટાભાગની પ્રજાતિઓમાં, માદા પ્રથમ ઈંડું મૂકતાની સાથે જ સેવન કરવાનું શરૂ કરે છે. ઇંડા ઓછામાં ઓછા એક દિવસના અંતરાલમાં મૂકવામાં આવે છે, જેને અસિન્ક્રોનીઝ હેચિંગ તરીકે ઓળખવામાં આવે છે, જ્યાં સૌથી મોટું બચ્ચું સૌથી નાના બચ્ચા કરતાં બે અઠવાડિયા જેટલું મોટું હોઈ શકે છે. મતલબ કે દરેક બચ્ચા અલગ-અલગ સમયે ખોરાકની માંગની ટોચ પર પહોંચે છે. દુર્બળ વર્ષોમાં સૌથી જૂના અને તેથી સૌથી મજબૂત બચ્ચાઓ ઓછામાં ઓછા બચી શકે છે, જયારે નાના બચ્ચાઓ, એક વખત મરી ગયા પછી, અન્યને ખવડાવવા માટે પણ તેનો ઉપયોગ કરી શકાય છે.

ઇન્ક્યુબેશન દરમિયાન, અને જ્યાં સુધી સૌથી નાનું બચ્ચું તેના પોતાના શરીરનું તાપમાન જાળવવા માટે પૂરતું મોટું ન થાય ત્યાં સુધી, બધો ખોરાક નર દ્વારા પૂરો પાડવામાં આવે છે, માદા ભાગ્યે જ માળો છોડી દે છે. તેણી ખોરાક મોકલે છે અને બચ્ચાઓને નાના કોળિયા ખવડાવે છે જ્યાં સુધી તેઓ શિકારને સંપૂર્ણ ગળી ન જાય, તે પછી તે નરને શિકારમાં મદદ કરે છે. માળા છોડવાની ઉંમર મોટા પ્રમાણમાં બદલાય છે અને કેટલીક પ્રજાતિઓ આગામી વર્ષ સુધી આ વિસ્તારમાં રહે છે. ધીમે ધીમે પુખ્ત ઘુવડ શિકાર કરવાનું શીખે છે, ઘણીવાર માતા-પિતા દ્વારા લાવેલા જંતુઓ અથવા ખોરાકથી શરૂ થાય છે. મોટાભાગની પ્રજાતિઓ તેમના પ્રથમ શિયાળામાં સ્વતંત્ર હોય છે અને ઘણા કિસ્સાઓમાં, આ પહેલા યુવાનોને તેમના માતાપિતા દ્વારા સક્રિયપણે દૂર લઈ જવામાં આવે છે.

કૉલ્સ

મોટા ભાગના પક્ષીઓની જેમ, ઘુવડ સાથીને આકર્ષવા અને તેમના પ્રદેશોની રક્ષા કરવા માટે ગાયન કરે છે, જો કે કદાચ થ્રશ અને વોરબ્લર્સના ગીતો જેટલું તેમનું ગાયન સંગીતમય હોતું નથી. ઘુવડ પણ બરાબર એ જ રીતે ગીત ગાય છે. ઘુવડ દ્વારા કરવામાં આવતા ઘોંઘાટમાં પિગ્મી ઘુવડના મધુર ટ્રિલ્સ, યુરોપિયન સ્કોપ્સ ઘુવડની ઘંટડી જેવી નાદ, ટૉની ઘુવડની ક્લાસિક હૂટ (જે એટલી મ્યુઝિકલ ચીસો નથી હોતી), બાર્ન ઘુવડની ગળું દબાયેલી ચીસો અને ઊંડા રેઝોનન્ટનો સમાવેશ થાય છે (દા.ત. ગરુડ ઘુવડના હૂટ્સ).

સામાન્ય રીતે, કોલની પિચ અને વોલ્યુમ ઘુવડના પ્રદેશના વિસ્તારને પ્રતિબિંબિત કરે છે અને આ રીતે કૉલને કેટલી મુસાફરી કરવી પડશે. અલબત્ત, ત્યાં અપવાદો છે. ઘણી વનપ્રજાતિઓ તેમના પ્રદેશોના વિસ્તાર માટે મોટેથી કૉલ કરે છે પરંતુ આ વૃક્ષોની ધ્વનિ-મૃત્યુ અસરને કારણે છે. પશ્ચિમ યુનાઇટેડ સ્ટેટ્સમાંથી ફ્લેમ્યુલેટેડ ઘુવડનું કદ વેસ્ટર્ન

સ્કીચ ઘુવડ જેવું જ છે, જે વિશ્વના એક જ ભાગમાં વસે છે, પરંતુ તેનો વિસ્તાર ઘણો મોટો છે અને તેથી તે મોટેથી ડીપ કોલ કરે છે, જે વધુ મોટા પક્ષી જેવું જ હોય છે.

જ્યારે વરસાદ પડતો હોય ત્યારે ઘુવડ ખૂબ સારી રીતે પ્રજનન કરતા નથી, કારણ કે તે ખૂબ જ ભીનું હોય છે.....!

3

ઘુવડ વિશેના પ્રતીકવાદ

સમગ્ર માનવ ઇતિહાસમાં ઘુવડ વિવિધ રીતે ભય, જ્ઞાન, શાણપણ, મૃત્યુ અને આધ્યાત્મિક વિશ્વમાં ધાર્મિક માન્યતાઓને પ્રતીક કરે છે. મોટાભાગની પશ્ચિમી સંસ્કૃતિઓમાં ઘુવડના મંતવ્યો સમય સાથે ધરમૂળથી બદલાયા છે. ઘુવડ એક સાથે દુર્લભ મૂળ નિવાસસ્થાનો અને સ્થાનિક સાંસ્કૃતિક અને ધાર્મિક માન્યતાઓના સૂચક તરીકે સેવા આપી શકે છે. ઘુવડને જોવામાં આવતી ઐતિહાસિક અને વર્તમાન રીતોને સમજવી, અને અન્ય સંસ્કૃતિઓ પર પશ્ચિમી મંતવ્યો લાદવા નહીં. ઘુવડના સંરક્ષણ માટે સ્થાનિક લોકો માટે સ્વાદિષ્ટ અભિગમો ઘડવા માટે એક મહત્વપૂર્ણ અને જરૂરી સંદર્ભ છે.

હું ડ્રેગનનો ભાઈ છું, અને ઘુવડનો સાથી છું. (જોબ ૩૦:૨૯)

તું અંધકાર બનાવે છે, અને તે રાત છે; જેમાં જંગલના બધા જાનવરો આગળ ધસી આવે છે. (ગીતશાસ્ત્ર ૧૦૪:૨૦)

ઘણા સમય પહેલા પક્ષીશાસ્ત્રીઓ અને સ્નાતક વિદ્યાર્થીઓ હતા, અન્ય જાતિઓમાં આતુર નિરીક્ષકો અને જૂથો જંગલો અને મેદાનોમાં ફરતા હતા. સંસાધનોની શોધમાં, તેઓએ રાત્રિના પાંખવાળા લોકોનો સામનો કર્યો અને આવી સ્પેક્ટ્રલ આકૃતિઓને તેમની વિદ્યા અને સંસ્કૃતિમાં સામેલ કરી.

ઉત્તર અમેરિકી ચેરોકીઓ તેમને ઉગુક, રશિયનો સોવાહ, મેક્સીકન ટેસેલોટ, એક્વાડોરિયન હુહુઆ અથવા લેચુસાસ અને ઓસ્ટ્રેલિયા વિન્ટાના કૌર્ના વિસ્તારના આદિવાસી લોકો કહે છે. સદીઓથી, ખરેખર હજારો વર્ષોથી, ઘુવડોએ દંતકથાઓ અને દંતકથાઓની વિશાળ શ્રેણીમાં વિવિધ અને આકર્ષક ભૂમિકાઓ ભજવી છે. વિશ્વના ઘણા ઘુવડ માટે ઝડપથી સંકોચાતા રહેઠાણના આ યુગમાં, તેમના સંરક્ષણ માટે ચિંતા કરવા તરફનું પ્રથમ પગલું એ છે કે સાંસ્કૃતિક વાર્તાઓ અને વિદ્યાઓમાં ઘુવડની ભૂમિકાને વધુ સારી રીતે સમજવી. આ પુસ્તકમાં માનવ સમાજની પૌરાણિક કથાઓમાં ઘુવડને આમંત્રિત કર્યા છે. સમગ્ર વિશ્વમાં માનવજાત દ્વારા ઘુવડના પ્રતિભાવની વિવિધતા વિષે સંશોધન થવું જોઈએ. માનવ પ્રતિભાવોનો સ્પેક્ટ્રમ નોંધપાત્ર અને અદ્ભુત બંને છે. અન્ય કોઈ પક્ષી પરિવારે વધુ સાર્વત્રિક આકર્ષણ અને રસ જગાડ્યો નથી, અને વધુ સારી રીતે સંરક્ષણ માટેના આધાર તરીકે સેવા આપી શકે છે. સંરક્ષણ માટે, આપણે વિવિધ સંસ્કૃતિઓ અને સંપ્રદાયોના આદરથી આગળ વધવું જોઈએ.

આફ્રિકન સંસ્કૃતિ

કેન્યાના કિકુયુમાં એવું માનવામાં આવતું હતું કે ઘુવડ મૃત્યુના આશ્રયદાતા હતા. જો કોઈએ ઘુવડ જોયું અથવા તેનો અવાજ સાંભળ્યો, તો કોઈ મૃત્યુ પામશે. સામાન્ય રીતે, ઘુવડને ખરાબ નસીબ, ખરાબ સ્વાસ્થ્ય અથવા મૃત્યુના આશ્રયદાતા તરીકે જોવામાં આવે છે. આજે પણ આ માન્યતા વ્યાપક છે.

પ્રાચીન યુરોપીયન અને આધુનિક પશ્ચિમી સંસ્કૃતિ

આધુનિક પશ્ચિમ સામાન્ય રીતે ઘુવડને શાણપણ અને તકેદારી સાથે સાંકળે છે. આ કડી ઓછામાં ઓછી પ્રાચીન ગ્રીસ સુધી જાય છે, જ્યાં એથેન્સ, કલા અને શિષ્યવૃત્તિ માટે જાણીતું હતું, અને એથેના, એથેન્સની આશ્રયદાતા અને શાણપણની દેવી, એક પ્રતીક તરીકે ઘુવડ હતું. મારિજા ગિમ્બુટાસ ઘુવડની દેવી તરીકે પૂજા કરે છે. જૂના યુરોપની સંસ્કૃતિમાં લાંબા સમયથી પૂર્વ-ડેટિંગ ઈન્ડો-યુરોપિયન સંસ્કૃતિઓમાં ઘુવડની પૂજા થતી હતી.

ટી.એફ. થિસેલ્ટન-ડાયર, તેમની ૧૮૮૩ની શેક્સપિયરની લોકકથામાં કહે છે કે "પ્રારંભિક કાળથી ઘુવડને અશુભ પક્ષી માનવામાં આવે છે", અને પ્લિની જણાવે છે કે કેવી રીતે, એક પ્રસંગે, રોમ પોતે પણ એક આભાસમાંથી પસાર થયું હતું, કારણ કે તેઓ એક કેપિટોલમાં ભટકી ગયા. તે તેને અંતિમવિધિ પક્ષી તરીકે પણ રજૂ કરે છે. ઘુવડને રાત્રિના રાક્ષસ માનવું એ ખૂબ જ ઘૃણાસ્પદ છે. એકાંત રાત્રે મંદિરની ટોચ પરથી તેના મૃત્યુના કિકિયારીનું વર્ણન કરે છે, જે સંજોગોના પૂર્વગામી તરીકે રજૂ કરવામાં આવ્યા હતા. ઓવિડ પણ સતત આ પક્ષીની હાજરીને દુષ્ટ શુકન તરીકે બોલે છે; અને ખરેખર તેના સંદર્ભમાં સમાન વિભાવનાઓ મોટાભાગના પ્રાચીન કવિઓના લખાણોમાં જોવા મળે છે. જ્હોન કીટ્સના હાયપરિયનમાં "ઓમેન ડિયર" ની સૂચિ "ગ્લુમ-બર્ડ્સ હેટેડ સ્ક્રીચ" નો સમાવેશ થાય છે. પ્લિની ધ એલ્ડર અહેવાલ આપે છે કે ઘુવડના ઈંડાનો સામાન્ય રીતે હેંગઓવરના ઈલાજ તરીકે ઉપયોગ થતો હતો.

એશિયા

મોંગોલિયામાં ઘુવડને સૌમ્ય શુકન માનવામાં આવે છે. એક વાર્તામાં, ચંગીઝ ખાન દુશ્મનોથી એક નાની કોપીસમાં છુપાઈ ગયો હતો જ્યારે એક ઘુવડ તેની ઉપરના ઝાડમાં બેસી ગયો, જેના કારણે તેના પીછો કરનારાઓએ વિચાર્યું કે ત્યાં કોઈ માણસ છુપાયેલ નથી. આધુનિક જાપાનમાં ઘુવડને નસીબદાર માનવામાં આવે છે અને તેને તાવીજ અથવા વશીકરણના રૂપમાં વહન કરવામાં આવે છે.

હિંદુધર્મ

હિંદુધર્મમાં ઘુવડ એ દેવી લક્ષ્મીનું વાહન, પર્વત છે.

મૂળ અમેરિકન સંસ્કૃતિ

મોટાભાગની મૂળ અમેરિકન લોકકથાઓમાં, ઘુવડ મૃત્યુનું પ્રતીક છે, ત્યારે લોકો ઘણીવાર અલૌકિક ભયના વાહક તરીકે ઘુવડની પ્રતિષ્ઠાનો સંકેત પણ આપે છે. અપાચે અને સેમિનોલ આદિવાસીઓ અનુસાર, ઘુવડના અવાજ સાંભળવા એ અસંખ્ય

"બોગીમેન" વાર્તાઓનો વિષય માનવામાં આવે છે, જે બાળકોને રાત્રે ઘરની અંદર રહેવાની ચેતવણી આપવા માટે કહેવામાં આવે છે, અથવા કહે છે કે "વધુ રડવું નહીં, અન્યથા ઘુવડ તેમને લઈ જઈ શકે છે". કેટલીક આદિવાસી દંતકથાઓમાં, ઘુવડ મૃતકના આત્માઓ સાથે સંકળાયેલા છે, અને ઘુવડની આંખોની આસપાસના હાડકાના વર્તુળોમાં દેખાતા મનુષ્યોના નખ હોવાનું કહેવાય છે. કેટલીકવાર ઘુવડને કબરની બહારથી સંદેશાઓ વહન કરવા અથવા આદિવાસી નિષેધને તોડનારા લોકોને અલૌકિક ચેતવણીઓ પહોંચાડવાનું કહેવામાં આવે છે.

એઝટેક અને માયા, મેસોઅમેરિકાના અન્ય વતનીઓ સાથે, ઘુવડને મૃત્યુ અને વિનાશનું પ્રતીક માનતા હતા. વાસ્તવમાં, મૃત્યુના એઝટેક દેવ, મિક્લાન્ટેકુહટલી, ઘણીવાર ઘુવડ સાથે દર્શાવવામાં આવ્યા હતા. મેક્સિકોમાં એક જૂની કહેવત છે જે આજે પણ પ્રચલિત છે, "જ્યારે ઘુવડ રડે છે અથવા ગાય છે, ત્યારે વ્યક્તિ મૃત્યુ પામે છે". પોપોલ વુહ, એક મય ધાર્મિક ગ્રંથ, ઘુવડને ઝિબાલ્બા (મય "ભયનું સ્થાન") ના સંદેશવાહક તરીકે વર્ણવે છે.

ઘુવડ શ્યામ શક્તિઓના સંદેશવાહક અને આશ્રયદાતા છે, એવી માન્યતા વિસ્કોન્સિનના હોકાગારા (વિન્નેબેગો) માં પણ જોવા મળે છે. જ્યારે પહેલાના દિવસોમાં હોકાગારાએ દુશ્મનોને મારવાનું પાપ કર્યું હતું, જ્યારે તેઓ ચીફ લોજના અભયારણ્યની અંદર હતા, ત્યારે એક ઘુવડ દેખાયો અને માનવના અવાજમાં તેમની સાથે વાત કરી, "હવેથી હોકાગારાને નસીબ નહીં મળે", આ તેમના આદિજાતિના પતનની શરૂઆત તરીકે ચિહ્નિત કરે છે. એક ઘુવડ ગ્લોરી ઓફ ધ મોર્નિંગ (હોક રાષ્ટ્રની એકમાત્ર મહિલા વડા) ને દેખાયું, તેનું નામ ઉચ્ચાર્યું અને ટૂંક સમયમાં જ તેણીનું મૃત્યુ થયું.

હોપીની સંસ્કૃતિ અનુસાર, એક યુટો-એઝટેક આદિજાતિ, નિષેધ ઘુવડને ઘેરી વળે છે, જે જાદુટોણા અને અન્ય દુષ્ટતા સાથે સંકળાયેલા છે. ઓજીબ્વે આદિવાસીઓ, તેમજ તેમના એબોરિજિનલ કેનેડિયન સમકક્ષો, ઘુવડનો ઉપયોગ અનિષ્ટ અને મૃત્યુ બંને માટે પ્રતીક તરીકે કરે છે. વધુમાં, તેઓ ઘુવડનો ઉપયોગ તેમની આધ્યાત્મિકતાના આધ્યાત્મિક નેતાઓના ખૂબ ઊંચા દરજ્જાના પ્રતીક તરીકે કરે છે. પાવની આદિવાસીઓ ઘુવડને તેમના ક્ષેત્રમાં કોઈપણ જોખમથી રક્ષણના પ્રતીક તરીકે જોતા હતા. પ્યુબ્લો લોકો ઘુવડને સ્કેલેટન મેન સાથે જોડે છે, જે મૃત્યુના દેવતા અને પ્રજનનની ભાવના છે. યાકામા આદિવાસીઓ ઘુવડનો શક્તિશાળી ટોટેમ તરીકે ઉપયોગ કરે છે, ઘણીવાર તે માર્ગદર્શન આપવા માટે કે જંગલો અને કુદરતી સંસાધનો ક્યાં અને કેવી રીતે વ્યવસ્થાપન સાથે ઉપયોગી છે.

4

ઉદ્દેશો અને પૌરાણિક કથાઓ

જૂના, અનીમી જંગલ વચ્ચેની સમાનતા જોઈ શકે છે, જ્યાં કોઈ પણ ખાતરી કરી શકતું નથી કે ઘુવડનો અવાજ પક્ષીમાંથી આવ્યો હતો કે ઓમાહ, અને ઉત્ક્રાંતિ જંગલ, ઝાડ અને ફૂગ, ફૂલ અને વચ્ચેના અસ્પષ્ટ તફાવત સાથે. ઝાડ-ફૂગનો સંબંધ તેની ઉત્પત્તિ અને અસરોમાં ઘુવડ-ઓમાહ જેટલો જ રહસ્યમય છે. બંને એક એવી દુનિયા સાથે સંબંધ ધરાવે છે જે દેખાવ કરતાં વધુ ઊંડે જાય છે, જ્યાં અસાધારણ ઘટનાની દફનાવવામાં આવેલી આંતરજોડાણ વર્તનને અસ્પષ્ટ બનાવે છે, જ્યાં વ્યક્તિ સીધી રેખા પર ચાલી શકતી નથી.

માણસો જમીન સાથે કેવી રીતે સંબંધ ધરાવે છે તેના મૂળ રૂપકોમાં ઘુવડ હંમેશા ભાગરૂપ રહ્યા છે. ફ્રાન્સમાં ગુફાની દીવાલ પર દોરવામાં આવેલા સ્નોવી આઉલ્સ (નાયક્ટેઆ સ્કેન્ડિયાકા) ના પરિવારના પ્રારંભિક પેલિઓલિથિક સમયગાળાના સૌથી પ્રાચીન માનવ ચિત્રોમાંનું એક હતું. ઉત્તર ઑસ્ટ્રેલિયાના વિક્ટોરિયા નદી વિસ્તાર અને વૉશિંગ્ટન સ્ટેટ, યુએસએના નીચલા કોલંબિયા નદી વિસ્તાર સહિત અન્ય વિભિન્ન સ્થળોએ ઘુવડના રોક પેઇન્ટિંગ્સ અથવા પેટ્રોગ્લિફ્સ મળી આવ્યા છે. મેસોઅમેરિકાની પ્રાચીન માયા સંસ્કૃતિઓમાં ઘુવડોએ ભૂમિકા ભજવી હતી. ૭૨૬ C.E. માં શાસક-૨ ના મૃત્યુ પછી, ડોસ પિલાસના પ્રાચીન માયા શાસક-૩ની કોતરણી કરેલ બેસ-રાહત, જે હવે ગ્વાટેમાલામાં છે, તેને એક સ્ક્રીચ ઘુવડથી શણગારેલું બતાવવામાં આવ્યું છે, જે દેખીતી રીતે શાસક શક્તિ અથવા સરકારના પુનરુત્થાનનું પ્રતીક છે. .

ઘુવડ પણ આધુનિક સંસ્કૃતિનો એક ભાગ છે, આકાશમાં તેમજ જમીન પર પણ. નક્ષત્રમાં ઉર્સા મેજર, ૧૧.૨૦ ની સૌથી વધુ ચુમ્બકીય તીવ્રતા પર, ખગોળશાસ્ત્રીઓ દ્વારા ઘુવડ નેબ્યુલા (M97 અથવા NGC3587) તરીકે નિયુક્ત કરાયેલ એક અનિયમિત ગ્રહ નિહારિકા છે. વધુ પાર્થિવ સ્થળમાં, સ્થાનના નામો પર યુએસ જીઓલોજિકલ સર્વે ડેટાબેઝની ક્વેરી યુનાઇટેડ સ્ટેટ્સમાં ઘુવડની ૫૭૬ વિશેષતાઓ દર્શાવે છે, જેમ કે ઘુવડ કેન્યોન, આઉલ માઇન, આઉલ ક્રીક અને આઉલ હોલો. ભૌગોલિક નામો પર કેનેડિયન કાયમી સમિતિના ૮૮ વર્તમાન રેકોર્ડ્સ અને ૧૭ વધારાના ઐતિહાસિક સ્થળોની યાદી આપે છે, જેનું નામ "ઘુવડ" છે. નિઃશંકપણે, અન્ય ઘણા દેશોમાં ઘુવડનો હોદ્દો સમાન છે.

વ્યુત્પત્તિશાસ્ત્રની દ્રષ્ટિએ, "ઘુવડ" શબ્દ મધ્ય અંગ્રેજી શબ્દ "oule" પરથી અવતરણ પામ્યો છે, જે જૂના અંગ્રેજી "ille" પરથી ઉતરી શકે છે, જે નીચા જર્મન "ule" સાથે

ઓળખાય છે, અને જર્મન "eule" શબ્દને મળતો આવે છે. આધુનિક શબ્દ "ઘુવડ"નું અંતિમ મૂળ પ્રોટો-જર્મનિક શબ્દ "ઉવાલો" અથવા સંભવતઃ "ઉવવિલો" હોવાનું માનવામાં આવતું હતું. "ઘુવડ" ની બીજી વ્યુત્પત્તિ આઇસલેન્ડિક "ઉગ્લા" છે, જે "ઉગ્લીગર" સાથે ઓળખાય છે. સ્કેન્ડિનેવિયન "અગ્લી" ને જન્મ આપ્યો, જે મધ્ય અંગ્રેજી "અગલીઅર" અને આધુનિક અંગ્રેજી શબ્દ "બેડોળ" તરફ દોરી ગયો. આઇસલેન્ડિક "ઉગ્લીગર" નો અર્થ આધુનિક અર્થમાં "બેડોળ" થતો નથી (એટલે કે જોવામાં અપ્રિય), પરંતુ તેનો અર્થ થાય છે "ભયજનક અથવા ભયાવહ." ઘણી દંતકથાઓ અને લોકકથાઓમાં ઘુવડના પ્રતીકો અને ટોટેમ્સનો આ ચોક્કસ અર્થ છે. આમ, આપણે જે નામોનો ઉપયોગ કરીએ છીએ તે પરંપરાગત દ્રષ્ટિકોણ અને સાંસ્કૃતિક દ્રષ્ટિકોણના ઊંડા ઇતિહાસની વાત કરે છે. હિન્દીમાં ઘુવડ એ "ઉલ" છે (જર્મન "eule" અથવા લો જર્મન "ule" જેવું જ) અથવા "ઉલુ". જો મોટા ઘુવડમાંના એકનો ઉલ્લેખ કરવામાં આવે તો (નાના ઘુવડ માટે હિન્દી અથવા ઉર્દૂ શબ્દ "કોસફૂટ " છે). પ્રાચીન રોમન "બુબો," પ્રાચીન ગ્રીક "બુઆસ," આધુનિક હિન્દી "ઉલુ," અને આધુનિક હીબ્રુ "ઓ-આહ" સ્પષ્ટ છે, જેમ કે આધુનિક નેપાળી "હુહુ."

ભૂતકાળમાં ઘુવડની ઊંડી, જટિલ ધારણાઓની જાગૃતિ અને સમજણ આજે તે પ્રજાતિઓને બચાવવાના પ્રયાસોને સમર્થન આપી શકે છે. ઉદાહરણ તરીકે, યુરોપમાં ઘુવડનું પ્રાચીન સાંસ્કૃતિક મહત્વ ત્યાંના આધુનિક સંરક્ષણવાદીઓને મદદ કરે છે. અમેરિકામાં પણ એવું જ છે. પશ્ચિમ આફ્રિકાના શ્વેત ઇમિગ્રન્ટ્સ અને કાળા ગુલામો દ્વારા યુ.એસ.માં લઈ જવામાં આવતી પરંપરાઓના મિશ્રણનો અર્થ એ છે કે ઉત્તર અમેરિકન ઘુવડની પ્રજાતિઓ મજબૂત સાંસ્કૃતિક પ્રોફાઇલ ધરાવે છે જે સંરક્ષણ પગલાંમાં મદદ કરી શકે છે. પૂર્વ-ઐતિહાસિક સમયગાળામાં આફ્રિકન-અમેરિકન ગુલામ અને ભૂતપૂર્વ ગુલામ સમુદાયોમાં ઘુવડ વિશે ઘણી માન્યતાઓ હતી. આવી માન્યતાઓ પ્રબળ યુરોપિયન-અમેરિકન સંસ્કૃતિમાં એવી રીતે પ્રવેશી હતી કે જે રીતે બ્લેક નોર્થ અમેરિકાના બ્લૂઝ અને જાઝ મ્યુઝિક દ્વારા વિશ્વને આફ્રિકન લય આપવામાં આવે છે. આમ, ઘુવડ વિશેની વર્તમાન યુ.એસ. લોકકથા એ યુરોપીયન અને આફ્રિકન પરંપરાઓ અને મૂળ અમેરિકન અને એશિયન પણ એક સારગ્રાહી મિશ્રણ છે.

ઉપરોક્ત માહિતીને પશ્ચિમના પર્યાવરણીય સિદ્ધાંત સુધી વિસ્તૃત કરી શકાય છે (જેનો અર્થ એ છે કે યુરોપીયન વંશના લોકો દ્વારા કબજે કરાયેલ તમામ વિસ્તારો અને દક્ષિણ આફ્રિકા જેવા મિશ્ર-જાતિના સમાજો દ્વારા પણ, જ્યાં અત્યંત વિકસિત સંરક્ષણ પરંપરા અસ્તિત્વમાં છે.). મજબૂત સાંસ્કૃતિક રૂપરેખા ધરાવતું કોઈપણ પ્રાણી અથવા ફૂલ, પછી ભલેને સાંસ્કૃતિક ધારણા એક સમયે કેટલી નકારાત્મક હોય (જેમ કે ચામાચીડિયા, વરુ, શાર્ક અને ઘુવડ સાથે) સંરક્ષણ માટે, કોઈ સાંસ્કૃતિક રૂપરેખા વિનાના પ્રાણી (જેમ કે કેટલાક ઉંદરો અને ચકલીઓ)કરતાં મોટા ફાયદામાં છે. ફાયદો એ છે કે તેઓ સામાજિક ચેતનામાં મૂળ તરીકે ઓળખાય છે. ઘુવડના કિસ્સામાં, તેઓ જે ઊંડો ભય અને ચિંતા પેદા કરે છે અને તેઓ જે ભવિષ્યવાણીની સ્થિતિ ધરાવે છે (અને હજુ પણ ધરાવે છે) તે

પર્યાવરણવાદીઓ રજૂ કરે છે, જેની સાથે વિશાળ પ્રેક્ષકોની રુચિ અને સહાનુભૂતિ સંલગ્ન થાય છે. જો કે, આ પરિસ્થિતિઓમાં નિર્ણાયક તત્વ એ હકીકત છે કે મોટાભાગની પશ્ચિમી સંસ્કૃતિઓ ઘુવડને દુષ્ટતાના શુકન તરીકે જોતી નથી, અથવા આ જૂની માન્યતાઓના માત્ર ઝાંખા અવશેષોને જાળવી રાખે છે.

હેલોવીન પર ડાકણો અને તેના જેવા ઉત્સવની સારી સામ્યતા હોય છે. આજે આપણે ડાકણોના નાચનો આનંદ માણી શકીએ છીએ કારણ કે આપણે હવે શૈતાની શક્તિ અથવા શૈતાની કબજામાં માનતા નથી. તેને સાંસ્કૃતિક રીતે પેરોડીના દરજ્જા માટે અધોગતિ કરવામાં આવી છે. એક અર્થમાં, જ્યારે આપણે ડાકણો અને ભૂત જેવા પોશાક પહેરીએ છીએ ત્યારે આપણે આપણી ભૂતપૂર્વ નબળાઈઓની મજાક ઉડાવીએ છીએ. પરંતુ ઘટનાના આંતરિક અને મૂળ અર્થથી અળગા થયા વિના આપણે તે ક્યારેય કરી શક્યા ન હોત. ૧૭મી સદીમાં ડાકણો અને હેલોવીન શાબ્દિક રીતે ઘોર ગંભીર હતા. પરંતુ આ શબ્દો હવે એક મનોરંજન છે.

જો કે, કેટલાક અથવા તો ઘણા આફ્રિકનો, મૂળ ઉત્તર અમેરિકનો, એશિયનો અને દક્ષિણ અમેરિકનો માટે, ઘુવડની આ ધારણાઓ ઊંડા અને શક્તિશાળી મૂળ સાથે જીવંત પરંપરાઓ છે. ઉદાહરણ તરીકે, આફ્રિકામાં, ઘુવડ હજુ પણ ખરેખર દુષ્ટ હોવાનું માનવામાં આવે છે. હિમો મિકોલાના માલાવીમાં ઘુવડ પ્રત્યેના વલણ અંગેના સર્વેક્ષણો દર્શાવે છે કે સર્વેક્ષણ કરાયેલા લોકોમાંથી ઘુવડને ખૂબ ઊંચી ટકાવારી (~૮૦ ટકા) દ્વારા ખરાબ પક્ષી તરીકે ગણવામાં આવે છે. પશ્ચિમ આફ્રિકામાં મોટાભાગના લોકો ઘુવડને પસંદ નથી કરતા અને તેમને દુષ્ટ માને છે. પશ્ચિમ આફ્રિકામાં ઘુવડ માટે પ્રમાણભૂત કબૂતરનું અંગ્રેજી નામ "વિચબર્ડ" છે. કોંગો ટાપુ ઘુવડ (ફોડિલસ પ્રિગોગીની) જેવી ભયંકર પ્રજાતિઓ માટે સમર્થન મેળવવાને બદલે, ઘુવડને લગતી પ્રાચીન આફ્રિકન પૌરાણિક પરંપરાઓ તેમના સંરક્ષણમાં અવરોધ પેદા કરી શકે છે. સમાંતર કિસ્સો મેડાગાસ્કરનો આયે-આયે (ડૌબેન્ટોનિયા મેડાગાસ્કેરીએન્સિસ) છે, જ્યાં છેલ્લા કેટલાય જાનવરને ડાકણ-પ્રાણી તરીકે તેની સાંસ્કૃતિક રૂપરેખાને કારણે નિર્દયતાથી અત્યાચાર ગુજારવામાં આવ્યો છે. સંરક્ષણવાદીઓ માટે પડકાર એ છે કે સાંસ્કૃતિક ગરિમાને સમજીને અને ધ્યાનમાં લઈને સંરક્ષણ ક્રિયાઓને ઘડવામાં મદદ કરીને અવરોધને ફાયદામાં ફેરવવો.

સંરક્ષણવાદીઓએ અમુક સમાજોમાં ઘુવડ જેવા પક્ષીની ભૂમિકાને સમજવી જોઈએ. રેડ ડેટા પ્રજાતિઓ માટે સંરક્ષણ નીતિઓ, જેમ કે કોંગો ટાપુ ઘુવડ, તેનું સ્થાનિક વલણ અને તે ચોક્કસ પ્રજાતિના કોઈપણ ઉપયોગોને સમજ્યા વિના ઘડવામાં આવવી જોઈએ નહીં. સંરક્ષણવાદીઓ પણ વારંવાર ભયને આરે રહેલા પ્રાણી કે પક્ષી પ્રત્યેનો પોતાનો સકારાત્મક દૃષ્ટિકોણ કેળવે છે, પરંતુ સ્થાનિક સાંસ્કૃતિક વલણને બદલવામાં નિષ્ફળ જાય છે. એટલે કે, ઊંડો ભયને પ્રશંસા અને આદર સાથે બદલવામાં નિષ્ફળ જાય છે. ઘુવડની મોટાભાગની પ્રજાતિઓએ તેમના પર જે સકારાત્મક અને ઘણી નકારાત્મક અસર કરી છે તે સાંસ્કૃતિક રૂપરેખાઓને સમજ્યા વિના પર્યાવરણીય સમુદાય ઘુવડના સંરક્ષણનો સામનો કરી શકતો નથી.

ઘુવડ: ભગવાન, જ્ઞાન, શાણપણ અને ફળદ્રુપતાની નિશાની

ઘણા સમજદાર બાળકો જૂના ઘુવડની નર્સરી વાર્તાઓ સાથે મોટા થયા છે. પ્રાચીન ગ્રીક દંતકથાઓથી લઈને "વિની ધ પૂહ" અને "ધ આઉલ અને ધ પુસીકેટ" માં જ્ઞાની ઘુવડ સુધી, આપણે બધાએ જ્ઞાન અને સમજદારીના વાહક તરીકે ઘુવડની લોક વાર્તાઓમાં છબીઓ જોઈ છે. પ્રાચીન એથેન્સમાંથી, ચાંદીના ચાર 'ડ્રાક્મા' સિક્કામાં શહેરના આશ્રયદાતા, એથેન પ્રોનોઇયા, જે અગાઉના અવતારમાં, અંધકારની દેવી હતી, શાણપણની ગ્રીક દેવીના પ્રતીક તરીકે સામેની બાજુએ ઘુવડની છબી હતી. ઘુવડ, જેનું આધુનિક વૈજ્ઞાનિક નામ "એથેન" આ વારસો ધરાવે છે, તે અંધારા સાથેના તેના જોડાણથી શાણપણનું પ્રતિનિધિત્વ કરવા આવ્યું હતું. ઘુવડ એક્રોપોલિસનો પણ રક્ષક હતું, અને રોમન રાજકારણી પ્લિની ધ એલ્ડરે લખ્યું હતું કે "ઘુવડ માત્ર દુષ્ટતાની આગાહી કરે છે અને તે અન્ય તમામ પક્ષીઓ કરતાં પણ વધુ ભયભીત છે".

અન્ય ઘણી સંસ્કૃતિઓમાં, ઘુવડ શાણપણ અને જ્ઞાનનું પ્રતિનિધિત્વ કરે છે, કારણ કે તેમની નિશાચર તકેદારી અભ્યાસી વિદ્વાન અથવા જ્ઞાની વડીલ સાથે સંકળાયેલી છે. એક ખ્રિસ્તી પરંપરા અનુસાર, ઘુવડ ખ્રિસ્તના શાણપણનું પ્રતિનિધિત્વ કરે છે, જે અપરિવર્તિત લોકોના અંધકાર વચ્ચે દેખાય છે. પ્રારંભિક ખ્રિસ્તી નોસ્ટિક્સ માટે ઘુવડ લિલિથ સાથે સંકળાયેલું છે, જે એડમની પ્રથમ પત્ની હતી, જેણે તેની પ્રગતિ અને નિયંત્રણનો ઇનકાર કર્યો હતો. રાજા આર્થરિયન દંતકથાઓમાં ઘુવડનું એક પ્રતીક તરીકે સ્થાન હતું, કારણ કે જાદુગર મર્લિનને હંમેશા તેના ખભા પર ઘુવડ સાથે દર્શાવવામાં આવ્યું હતું. જાપાનમાં દુકાળ અથવા રોગચાળાને દૂર કરવા માટે ઘુવડના ચિત્રો અને પૂતળાં ઘરોમાં મૂકવામાં આવે છે.

કેટલીક મૂળ અમેરિકન સંસ્કૃતિઓ ઘુવડને અલૌકિક જ્ઞાન અને ભવિષ્યકથન સાથે જોડે છે. "ધ ઓરિજિન ઓફ નાઈટ એન્ડ ડેની મેનોમિ" ની પૌરાણિક કથામાં, વાપુસ (સસલું) ટોટોબા (સ-વ્હીટ ઘુવડ, એગોલિયસ એકેડિકસ) અને તે શબ્દોનું પુનરાવર્તન કરીને દિવસના પ્રકાશ (વાબોન) અને અંધકાર (યુનિટીપાક્કોટ) માટે બે યુદ્ધનો સામનો કરે છે. ટોટોબા ભૂલ કરે છે અને પુનરાવર્તિત "વાબોન" અને ડેલાઇટ જીતે છે, પરંતુ વપુસ પરવાનગી આપે છે કે રાત્રે જીતેલા લોકોના લાભ માટે પણ તક હોવી જોઈએ, અને આ રીતે દિવસ અને રાત્રિનો જન્મ થયો. પાવનીઓ ઘુવડને રક્ષણના પ્રતીક તરીકે જુએ છે. દુષ્ટતા અને મૃત્યુનું પ્રતીક, તેમજ તેમના ધર્મના આધ્યાત્મિક નેતાઓના ખૂબ ઊંચા દરજ્જાનું પ્રતીક; અને પ્યુબ્લો, સ્કેલેટન મેન સાથે સંકળાયેલ, મૃત્યુના દેવ અને પ્રજનનની ભાવના. ઓગસ્ટ ૧૯૮૫ ની ભરબપોરે, એક સંશોધકે ડુલુથ, મિનેસોટામાં સપ્તાહના અંતમાં સાંસ્કૃતિક ઉજવણીમાં ઓજીબ્વા નામની આદિજાતિના લોકોનું અવલોકન કર્યું હતું કે તેઓ દેશી નૃત્યોમાં ભાગ લીધા પછી પોતાને ઠંડક આપવા માટે હાથથી પકડેલા ચાહકો તરીકે ગ્રેટ હોર્ન્ડ ઓલ્સ (બુબો વર્જિનિયાસ) ની સૂકી પાંખોનો ઉપયોગ કરે છે.

"મધર અર્થ - આધ્યાત્મિકતા" પુસ્તકમાં મૂળ અમેરિકનોના સેક્રેડ હૂપની ચાર દિશાઓ (પૃથ્વી અને આકાશ, અને તમામ સંબંધિત જીવનની શક્તિ સાથેના ચાર તબક્કાઓ) નો ઉલ્લેખ કરવામાં આવ્યો હતો. આ વર્ણનમાં, બરફીલા ધુવડ ઉત્તર પવન અને પૃથ્વીનું પ્રતિનિધિત્વ કરે છે. પરંપરાગત રીતે ઓગ્લાલા સિઓક્સ ભારતીયો (મધ્ય ઉત્તર અમેરિકાના) સ્નોવી ધુવડની પ્રશંસા કરતા હતા, અને લડાઇમાં ઉત્કૃષ્ટ દેખાવ કરનારા યોદ્ધાઓને તેમની બહાદુરી દર્શાવવા માટે ધુવડના પીછાની ટોપી પહેરવાની મંજૂરી આપવામાં આવી હતી. સિઓક્સનો જૂના સમયનો સમાજ કહેવાતો હતો "ધુવડ લોજ". આ સમાજ માનતો હતો કે જેઓ ધુવડના પીંછા પહેરે છે તેઓને કુદરતની શક્તિઓ તરફેણ કરે છે અને પરિણામે તેમની દ્રષ્ટિમાં વધારો થશે. ધુવડ એ એક ઉત્કૃષ્ઠ પક્ષીનું સારું ઉદાહરણ છે, જે અન્ય પક્ષીમાં જોવા મળતી વિશેષતાઓ કરતા અનેકગણી વિશેષ શક્તિઓ ધરાવે છે.

યુ.એસ.માં કેટલાક મૂળ અમેરિકન રાષ્ટ્રો ધુવડ સામે મજબૂત વર્જિત ધરાવે છે. ઉદાહરણ તરીકે, અપાચેસ ધુવડને તમામ જીવોમાં સૌથી વધુ ભયજનક માને છે. ૧૯૯૭માં અપાચેના પ્રવક્તાએ ધુવડ સામેના ઊંડા નિષેધ વિશે જણાવ્યું હતું. ઐતિહાસિક રીતે અપાચે મૃત અપાચેની મૂર્ત ભાવના તરીકે ધુવડના વ્યાપક ડરનો પ્રચાર કર્યો હતો. જ્હોન બોર્કે તેમના "સિએરા માદ્રેમાં અપાચે અભિયાન"માં જેરોનિમોને ટ્રેક કરતા અપાચે સ્કાઉટ્સ કેવી રીતે ભયભીત થઈ ગયા તેની એક પ્રખ્યાત વાર્તા વર્ણવી, જ્યારે યુએસ સૈનિકોમાંથી એક મહાન શિંગડાવાળા ધુવડને શોધીને તેની સાથે લઈ આવ્યો. સ્કાઉટ્સે બોર્કને કહ્યું કે તે એક પક્ષી છે, અશુભ શુકન છે અને જો તેઓ પક્ષીને પોતાની સાથે લઈ જાય તો તેઓ ચિરીકાહુઆ રેનેગેડ્સને પકડવાની આશા ન રાખી શકે. આ સાંભળીને સૈનિકે તે ધુવડને છોડી દેવુ પડ્યું. બીજા ઉદાહરણમાં, યુ.એસ.માં વોશિંગ્ટન રાજ્યમાં યાકામા આદિવાસીઓનું સંઘ ધુવડનો ઉપયોગ કરે છે. આવા નિષિદ્ધ અથવા ટોટેમ્સ ઘણી વાર માર્ગદર્શન આપે છે કે જંગલો અને કુદરતી સંસાધનોનો ક્યાં અને કેવી રીતે ઉપયોગ અને વ્યવસ્થાપન કરવામાં આવે છે. આજ સુધી મૂળ અમેરિકન જમીનો પર "વૈજ્ઞાનિક" વનીકરણના પ્રસાર સાથે પણ ધુવડ વણાયેલું છે.

બ્લાકિસ્ટોન્સ ફિશ ધુવડ (કેતુપા બ્લાકિસ્ટોની) ને જાપાનના હોક્કાઈડોના મૂળ લોકો આઈનુ દ્વારા "કોટન કોર કામુવ" (ગામનો ભગવાન) કહેવામાં આવતું હતું. પરંપરાગત આઈનુ લોકો શિકારી હતા, અને એમ માનતા હતા કે તમામ પક્ષીઓ દૈવી છે. તેઓની માટે સૌથી વધુ પ્રશંસનીય પ્રાણીઓ રીંછ અને માછલી ધુવડ હતા. ધુવડને ખાસ માન આપવામાં આવતું હતું, જે લોકોની જેમ જ માછલીઓ (સૅલ્મોનીડ્સ) સાથે સંકળાયેલા હતા, અને નદી કિનારે આવેલા ઘણા સ્થળોએ રહેતા હતા. માછલી ધુવડનો સમારોહ, જેણે માછલી ધુવડની ભાવનાને ભગવાનની દુનિયામાં પરત કરી હતી, તે ૧૯૩૦ના દાયકા સુધી હાથ ધરવામાં આવી હતી.

રશિયન પરંપરાઓમાં ધુવડોએ વિવિધ ભૂમિકાઓ ભજવી છે. ઉદાહરણ તરીકે, સ્લેવોનિક સંસ્કૃતિઓમાં ધુવડ મૃત્યુ અને આફતોની જાહેરાત કરવા માટે માનવામાં

આવતું હતું. રશિયનો અને યુક્રેનિયનો કેટલીકવાર બિનમૈત્રીપૂર્ણ વ્યક્તિને "સાયક" કહે છે, જે લિટલ ઘુવડ (એથેન નોક્ટુઆ) નું રશિયન સામાન્ય નામ પણ છે. પરંપરાગત રીતે, નાના ઘુવડને નાપસંદ કરવામાં આવે છે, અને લોકો માને છે કે આ પક્ષીઓ મૃત્યુની જાહેરાત કરે છે. જો કે, અન્ય ઘુવડોના રશિયન સામાન્ય નામો, જેમ કે સ્કોપ્સ ઘુવડ (ઓટસ સ્કોપ્સ) - સ્પ્લ્યુષ્કા, તેના કોલ જેવું લાગે છે, અથવા જોર્કા, જેનો અર્થ થાય છે સવાર - આ નકારાત્મક અર્થને વહન કરતા નથી. જૂની આર્મેનિયન વાર્તાઓમાં ઘુવડ શેતાન સાથે સંકળાયેલા હતા. મધ્ય એશિયામાં ઉત્તરી ગરુડ ઘુવડ (બુબો બ્યુબો) ના પીછાઓ (ખાસ કરીને તેના સ્તન અને પેટના) બાળકો અને પશુધનને દુષ્ટ આત્માઓથી બચાવવા માટે કિંમતી તાવીજ તરીકે મૂલ્યવાન હતા. ઉત્તરી ગરુડ ઘુવડના ટેલોન્સ સ્ત્રીઓમાં રોગોને દૂર કરવા અને વંધ્યત્વને દૂર કરવા માટે કહેવાય છે. કેટલીક વાર્તાઓમાં, ઉત્તરપશ્ચિમ કેલિફોર્નિયા, યુએસએના ક્લામથ પર્વત "બિગફૂટ", એક પ્રપંચી દ્વિપક્ષીય હોમિનિડનો ઉલ્લેખ કરે છે, જે માનવામાં આવે છે કે તેઓ ઓમાહ તરીકે ઊંડા જંગલોમાં વસવાટ કરે છે. રશિયન સાહિત્યમાં, મધ્ય એશિયા એ તુર્કમેનિસ્તાન, ઉઝબેકિસ્તાન, તાજિકિસ્તાન અને કિર્ગિસ્તાન સહિત કેસ્પિયન સમુદ્રની પૂર્વમાં આવેલો પ્રદેશ છે.

5

સંસ્કૃતિ અને દંતકથાઓમાં ઘુવડ

ઘણી સંસ્કૃતિઓમાં, ઘુવડ અંડરવર્લ્ડનો સંકેત પણ આપે છે, અથવા મૃત્યુ પછી માનવ આત્માઓનું પ્રતિનિધિત્વ કરે છે. અન્ય સંસ્કૃતિઓમાં ઘુવડ સહાયક ભાવના સહાયકોનું પ્રતિનિધિત્વ કરે છે, અને મનુષ્યો (ઘણી વખત શામન) ને તેમની અલૌકિક શક્તિઓ સાથે જોડાવા અથવા તેનો ઉપયોગ કરવાની મંજૂરી આપે છે. યુ.એસ.એ.ના પેસિફિક નોર્થવેસ્ટમાં કેટલાક મૂળ જૂથોમાં ઘુવડોએ શામનને મૃતકોના સંપર્કમાં લાવવા માટે સેવા આપી હતી, રાત્રે જોવાની શક્તિ પ્રદાન કરી હતી, જે શામનને ખોવાયેલી વસ્તુઓ શોધવા માટે સક્ષમ બનાવે છે. પ્રાચીન રોમન રાજકારણી પ્લિની ધ એલ્ડરના ઘુવડની જેમ ઘણા જંગલી ઘુવડોએ મૃત્યુના સંકેત તરીકે મુખ્ય ભૂમિકા ભજવી છે. મ્યાનમાર (બર્મા) ની પર્વતીય જાતિઓ આવી દંતકથાઓમાં માઉન્ટેન સ્કોપ્સ ઘુવડ (ઓટસ સ્પિલોસેફાલસ) ના વાદી ગીતને જાણે છે. એક નાવાજો દંતકથામાં મૃત્યુ પછી આત્મા ઘુવડનું રૂપ ધારણ કરે છે.

ઉત્તર ક્વીન્સલેન્ડ, ઓસ્ટ્રેલિયાના આદિવાસી લોકો ઘુવડને સમાન રીતે જુએ છે. જાન્યુઆરી ૨૦૦૦માં એક સ્ત્રી આદિવાસી વડીલ જણાવે છે કે ઘુવડ તેના લોકો માટે ખાસ છે. થોડી ક્ષમાયાચનાથી તેણીએ ઉમેર્યું કે ઘુવડને પણ એક અશુભ શુકન માનવામાં આવે છે, જે કુટુંબમાં મૃત્યુનો સંકેત આપે છે, પરંતુ જો ઘુવડ ઘણા દિવસો સુધી ઘરની આસપાસ ભમતું રહે તો જ.

ચીનમાં એવું માનવામાં આવે છે કે ઘુવડ તેમની માતાની આંખો ખેંચી લે છે. ઘુવડના રાત્રિના પ્રવાસો, તાકી રહેલી આંખો અને વિચિત્ર કોલને કારણે ગુપ્ત શક્તિઓ સાથે વ્યાપક જોડાણ થયું છે. પક્ષીનું શાનદાર નાઇટ વિઝન ભવિષ્યવાણી સાથેના તેના જોડાણને અન્ડરલાઈન કરી શકે છે, અને સર્વ-દ્રષ્ટા હોવાની પ્રતિષ્ઠા લગભગ ૧૮૦ ડિગ્રીમાં માથું ફેરવવાની તેની ક્ષમતાથી ઊભી થઈ શકે છે. આવી જ રીતે, એન્ડ્રોસ આઇલેન્ડ, બહામાસ પર, ફ્લાઈટલેસ ઘુવડની ઐતિહાસિક રીતે લુપ્ત થયેલી પ્રજાતિ, ટાયટો પરાગ, જે વૈજ્ઞાનિક રીતે માત્ર પેટા-અશ્મિઓમાંથી જાણીતી છે, તે એક મીટર ઉંચી હતી અને તે "ચિકચાર્ની" અથવા આક્રમકતાની જૂની સ્થાનિક દંતકથાઓનો સ્ત્રોત બની શકે છે. લેપ્રાચૌન જેવા ઇમ્પ્સ જે પાયમાલ કરે છે, તેના ત્રણ અંગૂઠા હોય છે અને તેઓ તેમના માથાને ચારે બાજુ ફેરવી શકે છે. આ ઘુવડ સંભવતઃ જૂના-વિકસિત

કેરેબિયન પાઈન (પિનસ કેરેબિયન પાઈન) ના ગાઢ જંગલોમાં વસવાટ કરે છે, જેમાંથી મોટાભાગની ૨૦ મી સદી દરમિયાન અમેરિકન કંપનીઓ દ્વારા એન્ડ્રોસ પર સ્પષ્ટપણે કાપ મૂકવામાં આવ્યો હતો.

અલાસ્કાના ઉત્તરપશ્ચિમ કિનારે યુપિક લોકોએ અંતિમ શિયાળુ સમારોહ માટે માસ્ક બનાવ્યા, જેને અગયુયારાક ("વિનંતી કરવાની રીત, અથવા પ્રક્રિયા") તરીકે ઓળખવામાં આવે છે, જેને કેલેક ("આમંત્રિત-ઇન ફીસ્ટ") અથવા માસ્કરેડ તરીકે પણ ઓળખવામાં આવે છે. આ જટિલ સમારંભમાં શામનના નિર્દેશનમાં માસ્ક કરેલા નૃત્યોના પ્રદર્શનની સાથે પ્રાણીઓના યુઇટ ("તેમના વ્યક્તિઓ") માટે વિનંતીના ગીતો ગાવાનું સામેલ હતું. સમારોહની તૈયારીમાં શામને માસ્કના નિર્માણનું નિર્દેશન કર્યું, જેના દ્વારા આત્માઓએ પોતાને એક સાથે ખતરનાક અને મદદરૂપ તરીકે જાહેર કર્યા. સહાયક આત્માઓ ઘણીવાર ઘુવડનું સ્વરૂપ લે છે. મોટાભાગના માસ્કમાં બરફીલા ઘુવડના પીંછા હોય છે. કાર્વર્સે સહાયક આત્માઓ અથવા પ્રાણી યુઇટનું પ્રતિનિધિત્વ કરવાનો પ્રયાસ કર્યો, જે તેઓને દ્રષ્ટિ, સ્વપ્ન અથવા અનુભવમાં મળ્યા હતા. બધા કિસ્સાઓમાં, પહેરનારને રજૂ કરાયેલ પ્રાણીની ભાવનાથી પ્રભાવિત કરવામાં આવ્યો હતો. અન્ય ઘટનાઓ સાથે, સમારોહમાં બ્રહ્માંડના ચક્રીય દૃશ્યને મૂર્ત કરવામાં આવ્યું હતું જેમાં ભૂતકાળમાં યોગ્ય ક્રિયાઓ અને વર્તમાન ભવિષ્યમાં પુનઃઉત્પાદિત થાય છે.

જાવા અને બોર્નિયો ટાપુઓ પર કોલર્ડ સ્કોપ્સ ઘુવડ (ઓટસ બક્કામોએના) એ હકીકતને કારણે બચી જાય છે કે તેને ત્યાં દંતકથાઓમાં આદર સાથે અથવા અશુભ શુકન તરીકે જોવામાં આવે છે. આ ઘુવડોને ચીન અને કોરિયામાં ઔષધીય ઉપયોગ માટે લેવામાં આવે છે. શેક્સપિયરે "ધ ઓલ, નાઇટ્સ હેરાલ્ડ" વિશે લખ્યું હતું અને ઘુવડની તે અંતિમ ગાઢ ઊંઘના "ઘાતક બેલમેન" તરીકેની ભૂમિકાને માન્યતા આપી હતી. આ રીતે, ઘુવડને એસ્કેટોલોજી અથવા મનુષ્યના અંતિમ ભાગ્યના આશ્રયદાતા તરીકે પણ જોવામાં આવે છે.

સમગ્ર ભારતમાં ઘુવડને ખરાબ શુકન, દુર્ભાગ્યના સંદેશવાહક અથવા મૃતકોના સેવકો તરીકે ગણવામાં આવે છે. સામાન્ય રીતે, ઘુવડ સાથે ઘણી વખત રોજિંદા જીવનમાં અને ભારતીય સાહિત્યમાં ખરાબ વર્તન કરવામાં આવ્યું છે. ઉદાહરણ તરીકે, ભારતમાં મૂર્ખ વ્યક્તિને "ઘુવડ" કહેવાનું ખૂબ જ સામાન્ય છે. પરંતુ ભારતીય પૌરાણિક કથાઓમાં ઘુવડને ઘણી વખત આદરપૂર્વક વર્ણવામાં આવ્યું છે અને તેને પ્રતિષ્ઠાનું સ્થાન પણ આપવામાં આવ્યું છે. દા.ત. લક્ષ્મી, પૈસા અને સંપત્તિની હિન્દુ દેવી, અને તેઓની ઘુવડ પર સવારી. વર્તમાન સમયમાં પણ ભારતના કેટલાક લોકો, ખાસ કરીને બંગાળી, એમ માને છે કે જો કોઈ ઘરમાં સફેદ ઘુવડ પ્રવેશે છે, તો તેને તે ઘરમાં સંપત્તિ અથવા પૈસાના સંભવિત પ્રવાહ સાથે સંબંધિત કરીને શુભ શુકન માનવામાં આવે છે.

ભારતમાં ફોરેસ્ટ ઇગલ ઘુવડ મોર, જંગલ પક્ષી, સસલું, શિયાળ અને નાના હરણ માટે જાણીતું છે. વિખ્યાત ભારતીય પક્ષીશાસ્ત્રી (સ્વ. ડૉ. સલીમ અલી) એ નોંધ્યું હતું કે તેનું રડવું એ નીચું, ઊંડું અને દૂર-દૂર સુધી સંભળાતું વિલાપ અને દુઃખમાં રહેલી સ્ત્રીની

જેમ લોહી-દહીંવાળી ચીસો છે. અને એટલે જ આ પક્ષીને "ડેવિલ બર્ડ" નામ મળ્યું છે. સિલોન ફોરેસ્ટ ઇગલ ઘુવડની પેટાજાતિઓ (બુબો નિપાલેન્સિસ બ્લિગી) ના કોલમાં "સ્ત્રીનું ગળું દબાવવામાં આવી હોય તેવી ચીસો" નો સમાવેશ થાય છે, પરંતુ તે "ભયંકર ચીસો અને ગળું દબાવી દેવાના અવાજો" એ માત્ર તેના 'સમાગમના પ્રેમ-ગીત' છે. તેમની દુર્લભ અને સામયિક ઘટના સંબંધિત અહેવાલોમાં સલીમ અલીએ તેના ઘોંઘાટને "વિવિધ પ્રકારની વિચિત્ર, વિલક્ષણ ધ્રુજારી અને ખડખડાટ" અને એક ચીસો તરીકે વર્ણવી હતી, "જેવી કે કોઈ ઉન્માદગ્રસ્ત વ્યક્તિ પોતાની જાતને કરાડ પર ફેંકી દે છે." હોલ્મગ્રેને એ પણ નોંધ્યું છે કે ઈતિહાસમાં ગરુડ ઘુવડને વિવિધ રીતે બર્ડ ઓફ એવિલ ઓમેન, ડેથ આઉલ, ઘોસ્ટ આઉલ, મિસ્ટ્રી આઉલ, નોઝ-ઓલ ઘુવડ અને ઉંદર ઘુવડ તરીકે પણ ઓળખવામાં આવે છે.

ભારતમાં ડેવિલ બર્ડ અથવા ડેવિલ ઘુવડ કબ્રસ્તાનો અને મોટા મૃત વૃક્ષોમાં જોવા મળે છે. જોકે ટુચકો એ છે કે આ ઘુવડની પ્રજાતિ જૂના જંગલો, મોટા જૂના વૃક્ષો અને મૃત્યુ સાથે સંકળાયેલી છે,.કબ્રસ્તાનમાં મોટાભાગે જૂના વૃદ્ધિના વૃક્ષો હોય છે, તેમાં તેઓ વસવાટ કરે છે. ભારતમાં મુસ્લિમો કબ્રસ્તાનમાં વનસ્પતિ સહિત દરેક વસ્તુનો આદર કરે છે. આમ, ડેવિલ ઘુવડની વિલક્ષણ બૂમો મોટે ભાગે કબ્રસ્તાનમાં જ સંભળાય છે, જે મૃત્યુને દર્શાવે છે. તદુપરાંત, અહીં પૌરાણિક કથા, સંસ્કૃતિ અને જીવવિજ્ઞાનને એકસાથે એકરૂપ થાય છે, જેમ કે સંસ્કૃતિઓ, લોકો અને વન્યજીવનના સફળ સંરક્ષણ માટે તે જરૂરી છે.

ભારતમાં બ્રાઉન વુડ ઘુવડ (સ્ટ્રિક્સ લેપ્ટોગ્રામિકા), ફોરેસ્ટ ઇગલ ઘુવડ (બુબો નિપલેન્સીસ), અને બ્રાઉન ફિશ ઘુવડ (બુબો ઝાયલોનેન્સીસ) નદીઓ અને તળાવો નજીક, તેમજ ગાઢ નદીના જંગલોમાં જોવા મળે છે, જે સ્થળોને પવિત્ર ગ્રોવ તરીકે ગણવામાં આવે છે, અથવા કબ્રસ્તાનમાં કે જે વિસ્તારમાં પોલાણ હોય તે, અને પોલાણવાળા સૌથી મોટા વૃક્ષોમાં પણ જોવા મળે છે. જૂના-જંગલ ઘુવડ, ખાસ કરીને ફોરેસ્ટ ઇગલ ઘુવડ, ઘણી નેપાળી અને હિન્દુ દંતકથાઓમાં મુખ્ય ભૂમિકા ભજવે છે. જેમ કે કબ્રસ્તાન અને પવિત્ર ગ્રુવ્સમાંથી રાત્રે ઘુવડનું રુદન પણ સાંભળવામાં આવ્યું છે. એવું માનવામાં આવે છે કે આવા ઘુવડોએ આ દુનિયામાંથી વિદાય લીધેલી વ્યક્તિની ભાવનાને સાચવી રાખી છે. એક અર્થમાં, આ ઘુવડની ઘણી પ્રજાતિઓ જંગલના ધાર્મિક મૂલ્યના સૂચક તરીકે સેવા આપી શકે છે. ધાર્મિક સ્થળની જાળવણી એ ઘુવડોનાં મુખ્ય રહેઠાણ અથવા માળખાના સ્થળોને સમાન રીતે સાચવે છે.

મેઘાલય, ઉત્તરપૂર્વ ભારતની વૈમનસ્યવાદી ગારો હિલ્સ જનજાતિના સભ્યો ઘુવડને ડોપો અથવા પેચા કહે છે. નાઇટજર્સની સાથે તેઓ ઘુવડને ડોઆંગ તરીકે પણ ઓળખે છે, જેનો અર્થ થાય છે કે જ્યારે કોઈ વ્યક્તિ મૃત્યુ પામે છે ત્યારે રાત્રે બૂમ પાડે છે તેવું માનવામાં આવે છે; તેનું રડવું વ્યક્તિના મૃત્યુને દર્શાવે છે. ઉત્તર ભારત અને નેપાળમાં નાના ઘુવડ, કોસ્ફટ, ખૂબ સારા છે. તેઓ ઘરે આવે છે અને ઉંદર અને ખરાબ જંતુઓને ખાઈ જાય છે. પરંતુ મોટા ઘુવડ, ઉલુ, ખૂબ જ ખરાબ છે. તેઓ રાત્રે આવશે અને ઘર પર બેસી જશે, અને તે ખરાબ છે, કારણ કે જો કોઈ ઘરમાં આવે છે અને પછી તમારું નામ કહે

છે, તો ઉલુ તેને પકડી લેશે, તે પછી બધું અંધારું અને શાંત થાય ત્યાં સુધી રાહ જોશે, અને તમને તમારા નામ સાથે બોલાવશે, "બહાર આવો", અને તમે જોવા માટે બહાર આવશો, અને ત્યાં કોઈ હશે નહીં. તે તમને ફરીથી નામથી બોલાવશે, "બહાર આવો". પછીના ૧૦ કે ૨૦ દિવસમાં વારંવાર તમારા નામનું પુનરાવર્તન કરવાથી તમારું જીવન ઘટશે અને મૃત્યુ ચોક્કસ આવશે.

આ નોંધપાત્ર રીતે ઘુવડની દંતકથા જેવું જ છે. તે સંસ્કરણમાં, સ્પોટેડ ઓવલેટ (એથેન બ્રામા) છે, જે સમગ્ર ભારતમાં શહેર અને બગીચાના સામાન્ય રહેવાસી છે. તમારું નામ બોલવાને બદલે, તમે તેના પર ફેંકેલા પથ્થરને તે પકડી લેશે, અને ધીમે ધીમે તે પથ્થરને પીસશે. જેમ જેમ પથ્થર સડી જાય છે, તેમ તમારું જીવન પણ સડી જાય છે. જો તમે ઘુવડને શોધી કાઢો, તો તે તમને વસ્તુઓ કહેવા માટે તમારી સાથે મિત્રતા કરશે. તે તમને રસોઈ માટે કેવી રીતે તૈયારી કરવી તે જણાવવા માટે બંધાયેલો રહેશે. ધીમે ધીમે, રાતે તે છત પર દેખાશે અને તમને શીખવશે કે તેના પંજા, તેના પગ, તેના પગ, તેની પીઠ, તેની પાંખો અને તેની ગરદન કેવી રીતે તૈયાર કરવી. તેના સૂચનોમાં, જ્યારે તે આખરે તેની ગરદન સુધી પહોંચે છે, ત્યારે ૪૦ મા દિવસે તમારે તેને પકડીને તેનું માથું કાપી નાખવું જોઈએ, નહીં તો આગલી સવારે તમે મરી જશો, એમ દક્ષિણ ભારતની એક દંતકથામાં લખેલું છે. વાઘ, ઉલુ અને જંગલના અન્ય પ્રાણીઓ કે જેઓ પોતે પ્રાણીઓનો શિકાર કરે છે તે ખૂબ જ ખરાબ છે, પરંતુ જેઓ માત્ર વનસ્પતિ જ ખાય છે તે ખૂબ સારા છે. આ તફાવત ભારત અને નેપાળમાં માંસાહારની અનિચ્છનીય આદતથી ઉદ્ભવ્યો હોઈ શકે છે અને તે શાકાહારી અથવા જંતુનાશક હિંદુ શાકાહારી ફિલસૂફીને વધુ સારી રીતે બંધબેસે છે.

જો બાર્ડ ઓવલેટ અથવા સ્પોટેડ ઓવલેટ સાંભળવામાં આવે, તો ટૂંક સમયમાં બાળક બીમાર થઈ જશે. આવા નાના ઘુવડ કે જેઓ સમાન ટ્રટીંગ કોલ કરે છે તેઓને સામૂહિક રીતે નટ્ટુ તરીકે ઓળખવામાં આવે છે. મોટલ્ડ વુડ ઘુવડને કલામ કોઝી કહેવામાં આવે છે. કલામનો અર્થ થાય છે મૃત્યુનો દેવ, અને કોઝીનો અર્થ ચિકન અથવા મરઘી થાય છે, તેથી એકંદર નામનો અર્થ થાય છે "મૃત્યુનું મરઘું". જો તમે બીમાર હોવ ત્યારે ઘુવડની ચીસ સાંભળવામાં આવે, તો તેનો અર્થ એ કે તમે મરી જશો. શિંગડાવાળા ઘુવડ (બુબો) શિકારીઓના માથા પર ઉતરી શકે છે અને શિકારી ભયથી મરી જશે.

થારુ જનજાતિ ભારત અને નેપાળની સરહદે આવેલા ઉત્તર પ્રદેશમાં નદીના ઘાસના મેદાનોમાં વસે છે. ત્યાં, મોનીચની ગામના એક સભ્યના મત પ્રમાણે ઘુવડ ખરાબ નસીબ સાથે સંકળાયેલા છે, પરંતુ તે માત્ર મોટા ઘુવડ છે જે આ કલંક સહન કરે છે. (મોટા) ઘુવડ ઘણીવાર શેતાન સાથે સંકળાયેલા હોય છે, અને તે શુભ નથી. માદા ગરુડ ઘુવડ (બુબો બુબો) ખૂબ નારાજ થઈ શકે છે (જો તેને હેરાન કરવામાં આવે તો) અને પછી તે મૃત્યુનો ઢોંગ કરે છે. તમે ઘુવડનો સંપર્ક કરી શકો છો, તેને ફેરવી શકો છો અને તે ખસશે નહીં. આવા સંજોગોમાં નર ઘુવડ કોલ કરવાનું ચાલુ રાખશે અને માદા આખરે શાંત કોલ સાથે જવાબ આપશે.

સ્થાનિક શામન ઘુવડને મારી શકે છે અને તેનો આત્મા તેની શક્તિ લઈ શકે છે અને તેની શક્તિને ટેબિચ (ગળામાં પહેરવામાં આવતો તાવીજ) માં મૂકી શકે છે. પછી ઘુવડની શક્તિ તમને સંપત્તિ શોધવા અથવા સંપત્તિવાળા લોકોને શોધવા માટે માર્ગદર્શન આપશે (તે તમને સંપત્તિ આપતું નથી; તે ફક્ત તમને માર્ગદર્શન આપે છે). જો ઘુવડનો કોઈપણ ભાગ (જેમ કે તેના ટેલોન્સ અથવા પીછાઓ) તેની શક્તિ માટે લેવામાં આવે છે, જે ફક્ત શામન જ જાણે છે.

આસામની ગારો આદિજાતિમાં ઘુવડની એક વાયકા છે: એક ઘુવડ એક પહાડી માયના સાથે હતું અને કહ્યું, "હું તમારા જેવા સુંદર ઈંડા મૂકીશ". ઘુવડ રોજેરોજ આ જ વાત કહેતો હતો પણ ક્યારેય ઈંડા મૂક્યા નહોતા. તેથી (ગારો) શબ્દસમૂહ અને એક વાત કહેવાની અને બીજી કરવાની વિભાવના થઈ. ઉત્તરપૂર્વ ભારતમાં આસામમાં આવેલા કાઝીરંગા રાષ્ટ્રીય ઉદ્યાનમાં એક મોટું ઘુવડ યાર્ડમાં દેખાય છે અને "હુ-ડુ" કહે છે, તે એક "સૂચક" છે કે કંઈક થશે અથવા તમારે ટૂંક સમયમાં કંઈક કરવું જોઈએ. સામાન્ય રીતે આ પ્રકારનો કોલ બીમારી જેવી ખરાબ વસ્તુનો સંકેત આપે છે. ઘુવડ માટેનો આસામી શબ્દ હૂડૂ છે, જે એક સ્પષ્ટ નિર્દેશક છે.

પરંતુ જો નાનું ઘુવડ બોલે, તો તે સંકેત આપે છે કે એક યુવાન છોકરી તરુણાવસ્થા અને સ્ત્રીત્વ સુધી પહોંચવાની છે, જે આસામી સંસ્કૃતિમાં ઉજવણી કે સામાજિક પ્રસંગનું કારણ છે. દૂર દક્ષિણ ભારતમાં (કેરળ), પેરિયાર ટાઈગર રિઝર્વની સરહદ પર આવેલા થેક્કડી ગામમાં સ્થાનિક લોકો ઘુવડને ખૂબ જ અંધશ્રદ્ધાળુ માને છે, કારણ કે ઘુવડ - ખાસ કરીને મોટલ્ડ વૂડ ઓલ્સ (સ્ટ્રિક્સ ઓસેલેટા) - ખૂબ જ વિલક્ષણ પ્રકારનો અવાજ ધરાવે છે. મોટલ્ડ વુડ ઘુવડના આહ્વાનને "મૃત્યુની દેવીનું ઘોષણા" તરીકે જોવામાં આવે છે અને સંકેત આપે છે કે "મૃત્યુ નિકટવર્તી છે. ફિલ્મોના સાઉન્ડ ટ્રેક્સમાં પણ, ઘુવડના કોલનો ઉપયોગ અશુભ તણાવની લાગણી આપવા માટે થાય છે જ્યારે કંઇક ગંભીર ઘટના બનવાની રાહ જોવામાં આવે છે. આવા વિચારો માત્ર સ્થાનિક જનજાતિ દ્વારા જ નહીં પરંતુ ઘણા સ્વદેશી સમુદાયોમાં સ્થાનાંતરિત થાય છે અને આ રીતે આવી માન્યતાઓને મજબૂત અને પૂરક બનાવવા માટે સેવા આપે છે.

ભારત તેમજ એશિયાના અન્ય ભાગોમાં નાના ઘુવડ શુભ સંકેત અથવા સારું નસીબ લાવી શકે છે. કોઈપણ ઘુવડ દક્ષિણ ભારતમાં ભલાઈના કોઈપણ તત્વ સાથે સંકળાયેલું છે, અને તે ઘુવડ હંમેશા કંઈક પ્રતિકૂળ જણાવે છે. રાત્રે બ્રાઉન ફિશ ઘુવડ (બુબો ઝાયલોનેન્સિસ) નો બૂમિંગ કોલ, કે જેમાં નર એક વાર કોલ કરશે અને માદા બે વાર કોલ કરશે. આ એક પ્રકારની કહેવત બની ગઈ છે. કહેવત છે કે જ્યારે નર ઘુવડ એક કોલ કરે છે, ત્યારે માદા બે વાર કોલ કરે છે. જેનાથી ઘરના પતિ-પત્ની લડશે, અને પત્ની વધુ અવાજ કરશે. ક્યારેક ઘુવડ - કદાચ નાના ઘુવડ, જેમ કે એશિયન બેરેડ ઓવલેટ (ગ્લાસીડીયમ ક્યુક્યુલોઇડ્સ) અથવા જંગલ બેરેડ ઓવલેટ (ગ્લાસીડીયમ રેડિયેટમ) ને કારણે જંતુઓ ઘરમાં આવી શકે છે. એવું માનવામાં આવે છે કે જ્યારે આવું થાય છે, ત્યારે ઘુવડ બીમારી લાવશે.

પ્રાચીન ઇજિપ્ત, ભારત, ચીન, જાપાન અને મધ્ય અને ઉત્તર અમેરિકામાં ઘુવડ મૃત્યુનું પક્ષી હતા. અન્ય સંસ્કૃતિઓ અને ધર્મોમાં, જો કે, પ્રાચીન ગ્રીસ જેવી, તેઓ અલૌકિક રક્ષકની ભૂમિકા ભજવે છે. દા.ત, કેટલાક મૂળ અમેરિકનો જાદુઈ તાવીજ તરીકે ઘુવડના પીછા પહેરતા હતા.

આદિવાસી લોકકથાઓમાં ઘુવડ

પશ્ચિમ ઝિમ્બાબ્વેમાં બુલાવાયો ("ધ કાવસ્ટન બ્લોક") ની ઉત્તરે એક શાહમૃગ ફાર્મના સંચાલક ગેવિન રોબિન્સનના જણાવ્યા અનુસાર, ત્યાંના સ્થાનિક સ્થાનિક લોકો (શોનાસ) ગ્રાઉન્ડ હોર્નબિલ્સ અને ઘુવડને દુષ્ટ અથવા મૃત્યુની નિશાની તરીકે જુએ છે. જો તમારા ઘર પર ઘુવડ ઉતરે છે, તો એવું માનવામાં આવે છે કે દુર્ભાગ્ય અથવા માંદગી તમારી પાછળ આવશે. આ ખાસ કરીને સામાન્ય બાર્ન ઘુવડ (ત્યાં "સ્ક્રીચ ઘુવડ" તરીકે ઓળખાય છે) વિશે માનવામાં આવે છે કારણ કે તે મનુષ્યો અને ઘરો સાથેના સામાન્ય જોડાણને કારણે છે. ચૂડેલ ડોકટરો ઘુવડ લે છે અને દવાઓ માટે તેમના ટેલોન અને ચાંચનો ઉપયોગ કરે છે, જે તેમને મદદ કરે છે.

નામિબિયામાં, ઝામ્બેઝી નદીની મધ્યમાં ઇમ્પાલિલા ટાપુ પર પૂર્વ કેપ્રીવી પટ્ટીમાં બાલોઝી આદિજાતિ માને છે કે તેમની આદિજાતિમાં ઘુવડ રોગ લાવે છે. જ્યારે ઘુવડ ગામમાં પ્રવેશ કરે છે, ત્યારે તેઓને દૂર રાખવામાં આવે છે અથવા ગોળી ચલાવવામાં આવે છે, કારણ કે મોટા ઘુવડ જેમ કે જાયન્ટ ઇગલ-આઉલ મરઘી ખાય છે, કારણ કે તેઓ માત્ર તેમની હાજરીથી રોગ પેદા કરે છે તેવું માનવામાં આવે છે. બુલાવાયા, ઝિમ્બાબ્વેમાં, સ્થાનિક કાળી વસ્તીમાં સામાન્ય બાર્ન ઘુવડને "ચૂડેલ પક્ષી" તરીકે જોવામાં આવે છે.

બોન્ગોન્ડે ડ્રાપેઉ ગામમાં (મ્બાન્ડાકા અને બિકોરો વચ્ચે), સ્થાનિક આદિજાતિ બન્ટુ માને છે કે ઘુવડ "ભયજનક" છે. આ અનિવાર્યપણે અન્ય ગામોમાં પણ અન્ય બન્ટુ લોકો દ્વારા પુનરાવર્તિત થયું હતું. જો કે, સ્થાનિક ગ્રામજનો ઘુવડને કેવી રીતે શોધી કાઢે છે તે જોઈને આશ્ચર્ય થાય છે. દેખીતી રીતે, સ્થાનિક માન્યતાઓ ઓછામાં ઓછા કેટલાક લોકોને રાત્રે જંગલમાં ઘુવડ શોધવામાં રોકતી ન હતી.

કેમેરૂનમાં, ડાકણો ઘુવડમાં પરિવર્તિત થવાના અહેવાલ છે. ઉપરાંત, ઘુવડ ખરાબ સમાચાર જાહેર કરે છે અથવા મૃત્યુની આગાહી કરે છે. જો તમે ઘુવડની જેમ કૉલ કરો છો, તો લોકો તમને રોકવા માટે ઠપકો આપશે, અને કહેશે, "શું તમે ચૂડેલ છો?" કેમરૂનમાં ચામાચીડિયા વિશેની લોકવાર્તાઓ પણ છે, જેને લોકો સસ્તન પ્રાણી તરીકે ઓળખતા નથી અને મધ્યવતી તરીકે વિચારે છે. સસ્તન પ્રાણી અને પક્ષી (હકીકતમાં, ત્યાં બેટ માટેનો ફ્રેન્ચ શબ્દ "ડુપ્લિકેટ" છે).

ડેમોક્રેટિક રિપબ્લિક ઓફ કોંગો (ડીઆરસી) માં ઘુવડ વિશે સ્થાનિક લોકોની ધારણા સારી નથી. જ્યારે તમે ઘુવડ સાંભળો છો, તો તેનો અર્થ ખરાબ સમાચાર છે, જેમ કે "કિનશાસામાં કદાચ કોઈ સંબંધીનું મૃત્યુ થયું છે" (રાજધાની શહેર ડીઆરસી). તેથી ઘુવડનો ડર છે, કારણ કે તેઓ "ભવિષ્યવાણી લાવે છે." જોકે ઘુવડ ખરાબ હોવાનું જાણીતું છે, તેમ છતાં તે પ્રસંગોપાત ખાઈ જાય છે (જેમ કે આ પ્રદેશમાં મોટાભાગના અન્ય

પ્રાણીઓ છે). મોટા અને નાના ઘુવડ બંને ખવાય છે. ઘુવડ રિવાજ પ્રમાણે "ખરાબ પ્રજાતિઓ", પરંતુ માત્ર પુરૂષો સામે, સ્ત્રીઓની નહીં. ઘુવડનો કોઈ ઔપચારિક શિકાર નથી. ઘુવડને તકવાદી રીતે જોવામાં આવે ત્યારે મારી નાખવામાં આવે છે.

આફ્રિકન વુડ ઘુવડ, સ્ટ્રિક્સ વુડફોર્ડી, એક પ્રજાતિ, જે સામાન્ય રીતે ગામડાઓ અને ગૌણ જંગલોની આસપાસ અને અંદર જોવા મળે છે. આ માટે, સ્થાનિક આદિજાતિએ નોંધ્યું કે (લાકડાના) ઘુવડના "બે પ્રકારનું રડવું" છે: નર ખરાબ રડે, જેનો અર્થ ખરાબ સમાચાર, અને માદા રડે, જેનો અર્થ ખરાબ સમાચાર નથી. તેઓ જેને પુરુષના ખરાબ રુદન તરીકે ઓળખાવે છે તે આફ્રિકન વુડ ઘુવડ (જે વાસ્તવમાં બંને જાતિઓ દ્વારા આપવામાં આવે છે) નું લાક્ષણિક મલ્ટી-નોટ ગીત છે, અને તેઓ જેને સ્ત્રીના રુદન તરીકે ઓળખે છે તે સિંગલ-નોટ વેલ કોલ છે (કદાચ મોટેભાગે સ્ત્રીઓ દ્વારા આપવામાં આવે છે, પરંતુ સંભવતઃ પુરુષો અને અપરિપક્વ દ્વારા પણ). તેઓ "ઘુવડ" નો સંદર્ભ આપવા માટે લિંગાલા શબ્દ એસુકુલુ ("es-oo-Koo-loo") નો ઉપયોગ કરે છે પરંતુ આ ખરેખર "ખરાબ" આફ્રિકન વુડ ઘુવડનો સીધો સંદર્ભ છે. આ શબ્દ આ જાતિના બંને જાતિનો ઉલ્લેખ કરે છે. તેઓ વર્મીક્યુલેટેડ ફિશિંગ ઘુવડ (સ્કોટોપેલિયા બોવેરી) નો સંદર્ભ આપવા માટે લિંગલા શબ્દ લોકિઓ ("લો-કી-ઓહ") નો ઉપયોગ કરે છે, જે તેઓ કહે છે કે (ચોક્કસપણે) ફક્ત નદીના કિનારે જ થાય છે (રિપેરિયન ગેલેરી જંગલોમાં). વર્મીક્યુલેટેડ ફિશિંગ ઘુવડ એ ખરાબ શુકન નથી, કારણ કે તેઓ ક્યારેય ગામડાઓમાં પ્રવેશતા નથી. તેઓ પેલના માછીમારી ઘુવડ (સ્કોટોપેલિયા પેલી) નો સંદર્ભ આપવા માટે લિંગાલા શબ્દ એન્કીમેલી ("en-kim-El-lee") નો ઉપયોગ કરે છે, જે નદીના વિસ્તાર અથવા પૂરગ્રસ્ત જંગલની પ્રજાતિ પણ છે, તે ખરાબ શુકન નથી અને ગામડાઓમાં પ્રવેશતું નથી.

તેઓએ બીજા નાના ઘુવડ વિશે પણ વાત કરી કે જેમાં "કોઈ રડવું નથી", જે આ વિસ્તારના અન્ય સંભવિત નાના ઘુવડોની સંખ્યાને સંદર્ભિત કરી શકે છે કે જેને લાકડાના ઘુવડ અથવા માછીમારીના ઘુવડ જેવા કોલ નથી (જોકે તેમની પાસે તેમના પોતાના અલગ અલગ કોલ્સ હોય છે. તેઓએ લ્યોકોકોલી ("લીયો-કો-કોહ-લી") નામના અન્ય ઘુવડ જેવા પ્રાણી વિશે વાત કરી; આ લિંગલા નથી પરંતુ તેના બદલે સ્થાનિક બોલી છે, કારણ કે આ માટે કોઈ લિંગાલા શબ્દ નથી) જે "ખૂબ જ દુર્લભ છે. "અને" દર ચાલીસથી પચાસ વર્ષે એક વાર દેખાય છે. "તેમાં એક લાંબી બૂમો છે જે પિચમાં વધે છે. તે ઘુવડ નથી. તેઓ તેને ઓળખવા અથવા તેનું વધુ વર્ણન કરવામાં અસમર્થ હતા. આ પ્રાણીને અંગત રીતે જોયું છે; તે ફક્ત વાર્તામાં જ અસ્તિત્વમાં હોઈ શકે છે. ઘુવડમાં સ્થાનિક માન્યતા ndoki ("en-Doh-kee") થી સંબંધિત છે, જે જાદુ અથવા મેલીવિદ્યા છે. જ્યારે તમે ઘુવડને સાંભળો છો, ત્યારે તમે મેલીવિદ્યા વિશે વિચારો છો. ઘુવડનો ડર લાગે છે. કારણ કે જ્યારે કોઈ તમારા ઘર પાસે રડે છે તો તેનો અર્થ ખરાબ સમાચાર છે. તો તમારે તેનો પીછો કરવા માટે તેના પર પથ્થર ફેંકવા જોઈએ. ઘુવડ સમાચાર વાહક છે. અન્ય જગ્યાએ કોઈ સંબંધીના મૃત્યુ વિશે. તેઓ પણ એસુકુલુ શબ્દ જાણતા હતા.

માઉન્ટ કેન્યાના ઢોળાવ પર સેરેના માઉન્ટેન લોજમાં, સ્થાનિક લોકો ઘુવડથી ડરે છે જે "અવાજ કરે છે", ખાસ કરીને જો ઘુવડ ધાબા પર ઉતરે તો. આ ખાસ કરીને ખરાબ શુકન છે કે બીજા દિવસે કોઈના મૃત્યુની જાણ કરવામાં આવશે. જૂની પેઢીઓને આવી વાર્તાઓ કહેવામાં આવી છે અને તેઓ માને પણ છે, પરંતુ યુવા પેઢીઓ નહીં.

પશ્ચિમ કેન્યાની રિફ્ટ વેલીમાં બેરીંગો તળાવમાં, કાલેનજિન લોકોની તુજેન આદિજાતિ અને મસાઈ લોકોની મેજેમ્પ્સ જનજાતિ માને છે કે જો તમારા ઘર પર ઘુવડ દેખાય, તો તે સંકેત આપી શકે છે કે કોઈ મૃત્યુ પામશે. જો દિવસના સમયે તમારા ઘર પર ઘુવડ દેખાય, તો તમે આંધળા થઈ શકો છો. આવી માન્યતાઓ જૂની પેઢીઓ દ્વારા રાખવામાં આવે છે પરંતુ હવે યુવા પેઢીના વધુ તર્કસંગત અને સંરક્ષણ-દિમાગની વિચારસરણી દ્વારા તેને બદલવામાં આવી રહી છે.

એરિઝોનામાં ગ્રાન્ડ કેન્યોનના દક્ષિણ કિનારે, ઉત્તરી એરિઝોનામાં પ્યુબ્લો આદિવાસીઓ અને હોપી આદિવાસીઓ અને ન્યૂ મેક્સિકોના રિયો ગ્રાન્ડે નદીના કિનારે અલ્બુકર્કની દક્ષિણે આવેલા ઇસ્લેટામાં ઘુવડને ખરાબ સ્વાસ્થ્ય અને ખરાબ નસીબના આશ્રયદાતા તરીકે જોવામાં આવે છે. જો ઘુવડ તેમના ઘરે આવે, તો થોડા સમય પછી નાના બાળકો બીમાર પડી જાય છે. જો ઘુવડને સાંભળવામાં આવે, તો ભાઈ-બહેન બહાર જાય છે અને તેના પર બૂમો પાડે છે, તેને જવા માટે દબાણ કરવાનો પ્રયાસ કરે છે.

શુસ્વપ જનજાતિમાં, એવું માનવામાં આવે છે કે ઘુવડ સંદેશાવાહકોની આગાહી કરે છે અને સામાન્ય રીતે આગામી મૃત્યુની આગાહી કરે છે, પરંતુ સંદેશાઓ હંમેશા ખરાબ હોતા નથી. તમારે સંદેશાઓ કેવી રીતે વાંચવા, ઘુવડના કોલને કેવી રીતે સમજવું તે જાણવું પડશે. તે માત્ર મોટા ઘુવડ છે જે મૃત્યુના સંદેશા આપે છે, જેમાં સ્ક્રીચ આઉલ, ગ્રેટ હોર્ન્ડ આઉલ અને અન્યનો પણ સમાવેશ થાય છે. તાંઝાનિયાના કિલીમંજારો પર્વતની પૂર્વ બાજુએ વસવાટ કરતી ચાગ્ગા જનજાતિ, માને છે કે:

- જો તમારી બારી પર ઘુવડ આવે, તો તે ખૂબ જ ખરાબ છે.
- ઘુવડને દૂર કરવા માટે મહિલાઓ જમીન પર ખાટું દૂધ રેડે છે.
- ઘુવડને દૂર કરવા માટે પવિત્ર સ્થળોએ જીવંત પ્રાણીઓની બલિદાન આપશે.
- જો ઘુવડ પાછું આવે, ખાસ કરીને ત્રણ વખત, તો લોકો માને છે કે તે તેમના પૂર્વજ હોઈ શકે છે. પછી તેઓ જમીન પર ખાટા દૂધ રેડશે અને પૂર્વજો સાથે વાત કરશે (એક તુષ્ટિકરણ લિબેશનનો પ્રકાર), જેથી પૂર્વજો/ઘુવડ તેમને નુકસાન ન પહોંચાડે. જો ઘુવડ તમારી ઝૂંપડી અથવા ઘરની છત પર ઉતરે છે, તો તે ખૂબ જ ખરાબ છે. અને તેનો અર્થ મૃત્યુ અથવા માંદગી.
- ઘુવડ એ પક્ષી છે, જે મોટાભાગે ખરાબ સમાચાર લાવે છે.
- જ્યારે ઘુવડ આવે અને છત પર બેસે, ત્યારે તે ખરાબ સમાચાર લાવે છે; તે ખરાબ વસ્તુની નિશાની છે, ખાસ કરીને જો તે કોલ કરે તો. જો તે થોડા સમય માટે ત્યાં બેસે અને ઉડી જાય, તો તે બરાબર છે; પરંતુ જો તે વિલંબિત રહે તો નહીં. જો ઘુવડ છત પર રહે અને કોલ કરે તો આ સમસ્યા કેવી રીતે ઉકેલી શકાય? તેઓ લાલ ઓચર અને

કોલસો ભેળવે છે અને તેને ઘરની આસપાસ મૂકી દે છે અને કહે છે, તમે અહીં ખરાબ સમાચાર લાવ્યા છો, ફક્ત ખરાબ સમાચાર લઈને જાવ, ખરાબ સમાચાર અહીં છોડશો નહીં.

◦ જો ઘુવડ નજીકના ઝાડ પર બેસીને કોલ કરે તો ગાયોને પણઅસર કરી શકે છે. ગાયો મરવાનું શરૂ કરી શકે છે. તેથી આ માટે તેઓ ઝાડની આજુબાજુ લાલ ઓચર અને કોલસો મૂકે છે અને ઘુવડને કહે છે કે તે અહીં જે ખરાબ સમાચાર લાવે છે તેનાથી દૂર જાય.
◦ મોટા ઘુવડ એ જોવામાં સરળ હોય છે, પરંતુ નાના સહિત તમામ ઘુવડ એક, ખરાબ સમાચાર લાવે છે.

જો કે, આવી માન્યતાઓ હવે લુપ્ત થઈ રહી છે અને માત્ર ગ્રામીણ વિસ્તારોમાં જ જોવા મળે છે.

પૌરાણિક કથાઓ અને સંસ્કૃતિમાં ઘુવડ

સમગ્ર ઇતિહાસમાં અને ઘણી સંસ્કૃતિઓમાં લોકોએ ઘુવડને આકર્ષણ અને બીક સાથે જોડ્યું છે. કેટલાક અન્ય જીવો તેમના વિશે ઘણી અલગ અને વિરોધાભાસી માન્યતાઓ ધરાવે છે. મોટેભાગે ઘુવડને ડરને કારણે પૂજવામાં આવે છે, ધિક્કારવામાં આવે છે અને વખાણવામાં પણ આવે છે, જ્ઞાની અને મૂર્ખ માનવામાં આવે છે, અને મેલીવિદ્યા તેમજ દવા, હવામાન, જન્મ અને મૃત્યુ સાથે પણ સાંકળવામાં આવે છે. ઘુવડ વિશે અટકળોની શરૂઆત આજથી ઘણા લાંબા સમય પહેલા પ્રાચીન લોકકથાઓમાં થઈ હતી.

પ્રારંભિક ભારતીય લોકકથાઓમાં ઘુવડ શાણપણ અને સહાયકતાનું પ્રતિનિધિત્વ કરે છે, અને ભવિષ્યવાણીની શક્તિઓ ધરાવે છે. આ થીમ એસોપની દંતકથાઓ અને ગ્રીક દંતકથાઓ અને માન્યતાઓમાં પુનરાવર્તિત થાય છે. યુરોપમાં મધ્ય યુગ સુધીમાં ઘુવડ ડાકણોનો સહયોગી અને અંધારા, એકલવાયા અને અપવિત્ર સ્થળોનું રહેવાસી બની ગયું હતું. રાત્રિના સમયે ઘુવડનો દેખાવ, જ્યારે લોકો લાચાર અને અંધ હોય છે, તેમને અજાણ્યા લોકો સાથે જોડે છે, તેના વિલક્ષણ કૉલે લોકોને પૂર્વાનુમાન અને આશંકાથી ભરી દીધા હતા. મૃત્યુ નિકટવર્તી હતું અથવા કોઈ અનિષ્ટ હાથમાં હતું. અઢારમી સદી દરમિયાન, ઘુવડના પક્ષીશાસ્ત્રીય પાસાઓને નજીકના અવલોકન દ્વારા વિગતવાર દર્શાવવામાં આવ્યા હતા, જેનાથી આ પક્ષીઓની આસપાસના રહસ્યમાં ઘટાડો થયો હતો. જો કે, હાલમાં વીસમી સદીમાં અંધશ્રદ્ધા નાબૂદ થતાં ધીમે ધીમે ઘુવડ શાણપણનું પ્રતીક બની ગયું છે.

ગ્રીક અને રોમન પૌરાણિક કથાઓમાં ઘુવડ

પ્રાચીન ગ્રીસની પૌરાણિક કથાઓમાં, એથેન, શાણપણની દેવી, ઘુવડની મહાન આંખો અને ગૌરવપૂર્ણ દેખાવથી એટલી પ્રભાવિત થઈ હતી કે, તોફાની કાગડાને દેશનિકાલ કરીને, તેણીએ રાત્રિના પક્ષીને પીંછાવાળા જીવોમાં પ્રિય બનાવીને તેનું સન્માન કર્યું હતું. એથેનનું પક્ષી એક નાનું ઘુવડ હતું, (એથેન નોક્ટુઆ). આ ઘુવડ એક્રોપોલિસમાં મોટી સંખ્યામાં સુરક્ષિત અને વસવાટ કરતું હતું. એવું માનવામાં આવતું હતું કે જાદુઈ "આંતરિક

પ્રકાશ" ઘુવડને રાત્રિ દ્રષ્ટિ આપે છે. એથેનના પ્રતીક તરીકે ઘુવડ એક રક્ષક હતો, જે ગ્રીક સૈન્યની સાથે યુદ્ધમાં જતો હતો અને તેમના રોજિંદા જીવન માટે પ્રેરણા પણ પૂરી પાડતો હતો. જો ઘુવડ યુદ્ધ પહેલાં ગ્રીક સૈનિકો પર ઉડે, તો તેઓ તેને વિજયની નિશાની તરીકે ગણતા હતા. નાનું ઘુવડ પણ તેમના સિક્કાઓની ઉલટી બાજુથી એથેનિયન વેપાર અને વાણિજ્ય પર નજર રાખતું હતું.

રોમના પ્રારંભમાં એક મૃત ઘુવડ ઘરના દરવાજા પર ખીલી મારવાથી તે તમામ અનિષ્ટને ટાળી દે છે એમ માનવામાં આવતું હતું. નિકટવર્તી મૃત્યુ પૂર્વે ઘુવડનો અવાજ સાંભળવા આવે તો મૃત્યુ નજીક છે એમ પણ મનાતું હતું. જુલિયસ સીઝર, ઓગસ્ટસ, કોમોડસ ઓરેલિયસ અને એગ્રીપાના મૃત્યુની આગાહી ઘુવડ દ્વારા જ કરવામાં આવી હતી."ગઈકાલે, રાત્રિનું પક્ષી બપોરના સમયે પણ, બજારના સ્થળે, હૂટિંગ અને ચીસો પાડતું હતું" (શેક્સપીયરના "જુલિયસ સીઝર"માંથી). રોમન આર્મીને યુફ્રેટીસ અને ટાઇગ્રીસ નદીઓ વચ્ચેના મેદાનો પર ચર્રિયા ખાતે તેની હાર પહેલા ઘુવડ દ્વારા તોળાઈ રહેલી આપત્તિ અંગે ચેતવણી આપવામાં આવી હતી. આર્ટેમિડોરસ, બીજી સદીના સૂથસેયરના જણાવ્યા અનુસાર, ઘુવડનું સ્વપ્ન જોવાનો અર્થ એ હતો કે પ્રવાસી જહાજ ભાંગી જશે અથવા લૂંટાઈ જશે. અન્ય રોમન અંધશ્રદ્ધા એ હતી કે ડાકણો ઘુવડમાં પરિવર્તિત થાય છે અને બાળકોનું લોહી ચૂસી લે છે.

રોમન પૌરાણિક કથાઓમાં અજ્ઞાતવાસના દેવ પ્લુટો (ગ્રીક: હેડ્સ) દ્વારા પ્રોસેરપાઈન (ગ્રીક: પર્સેફોન) ને તેની ઈચ્છા વિરુદ્ધ છુપા સ્થળે લઈ જવામાં આવી હતી, અને તેને તેની માતા સેરેસ (ગ્રીક: ડીમીટર) પાસે પરત જવાની મંજૂરી આપવામાં આવી હતી. જ્યારે તેણીએ કશું ખાધું ન હતું, ત્યારે ઘુવડ તેણીને ખોરાક પૂરો પાડતું હતું. જોકે, એસ્કેલ્પસે તેણીને દાડમ ચૂંટતા જોયા હતા, અને તેણે જે જોયું તે કહ્યું. તે તેની મુશ્કેલી માટે ઘુવડમાં ફેરવાઈ ગયો હતો - "એક આળસુ સ્ક્રીચ ઘુવડ, એક ધૃણાસ્પદ પક્ષી".

અંગ્રેજી લોકકથામાં ઘુવડ

બાર્ન ઘુવડની લોકકથાઓને અન્ય ઘુવડોની તુલનામાં વધુ સારી રીતે રેકોર્ડ કરવામાં આવી છે. અંગ્રેજી સાહિત્યમાં બાર્ન ઘુવડની પ્રતિષ્ઠા અશુભ હતી, કારણ કે તે અંધકારનું પક્ષી હતું અને અંધકાર હંમેશા મૃત્યુ સાથે સંકળાયેલું છે. અઢારમી અને ઓગણીસમી સદી દરમિયાન કવિ રોબર્ટ બ્લેર અને વિલિયમ વર્ડઝવર્થે તેમના પ્રિય "પ્રારંભના પક્ષી" તરીકે બાર્ન ઘુવડનો ઉપયોગ કર્યો હતો. તે જ સમયગાળા દરમિયાન ઘણા લોકો માનતા હતા કે બીમાર વ્યક્તિના રૂમની બારીમાંથી ઉડતા ઘુવડની ચીસો અથવા કોલ જો સાંભળાય તો તે વ્યક્તિ તરત જ નિકટવર્તી મૃત્યુને ભેટે છે. બાર્ન ઘુવડનો ઉપયોગ ઈંગ્લેન્ડમાં લોકો દ્વારા હવામાનની આગાહી કરવા માટે પણ કરવામાં આવતો હતો. ચીસો પાડતા ઘુવડનો અર્થ એ થાય છે ઠંડુ હવામાન અથવા તોફાન આવી રહ્યું છે. જો ખરાબ હવામાન દરમિયાન ઘુવડને સાંભળવામાં આવે તો હવામાનમાં તરત જ ફેરફાર થઇ જતો હતો. દુષ્ટતા અને વીજળીથી બચવા માટે ઘુવડને કોઠારના દરવાજા પર ખીલા મારવાનું છેક ૧૯મી સદી સુધી ચાલુ રહ્યું હતું.

બીજી એક પરંપરાગત અંગ્રેજી માન્યતા એવી હતી કે જો તમે ઝાડ પર ઘુવડની આસપાસ ફરશો, તો તે તેની પોતાની ગરદન ન વીંટાળે ત્યાં સુધી તે તમને જોવા માટે તેનું માથું ફેરવશે. પ્રારંભિક અંગ્રેજી લોક ઉપચારોમાં, મદ્યપાનની સારવાર ઘુવડના ઇંડાથી કરવામાં આવતી હતી. ઇમ્બીબરને કાચા ઇંડા સૂચવવામાં આવ્યા હતા અને આ સારવાર આપવામાં આવતા બાળકને નશામાં આજીવન રક્ષણ મળે તેવું માનવામાં આવતું હતું. ઘુવડના ઈંડા જ્યાં સુધી તે રાખમાં ફેરવાઈ જાય ત્યાં સુધી રાંધવામાં આવે છે, જેનો ઉપયોગ આંખોની રોશની સુધારવા માટે દવા તરીકે પણ કરવામાં આવતો હતો. ઘુવડની ઉધરસથી પીડિત બાળકોને ઘુવડનો સૂપ આપવામાં આવતો હતો. ૧૨ મી સદીના કેન્ટીશ ઉપદેશક ઓડો ઓફ ચેરીટોન પાસે આ ખુલાસો છે કે ઘુવડ શા માટે નિશાચર છે: ઘુવડએ ગુલાબની ચોરી કરી હતી, જે સુંદરતા માટે આપવામાં આવતું ઇનામ હતું, અને અન્ય પક્ષીઓએ તેને માત્ર રાત્રે જ બહાર આવવા દેવાની સજા આપી હતી. પરંતુ ઉત્તર ઇંગ્લેન્ડના ભાગોમાં ઘુવડ જોવું તે હજુ પણ નસીબ મનાય છે.

અમેરિકન ભારતીય સંસ્કૃતિમાં ઘુવડ

વિવિધ અમેરિકન ભારતીય જાતિઓમાં ઘુવડ વિશે ઘણી વિવિધ માન્યતાઓ છે. તેમાંથી કેટલીક માન્યતાઓ અહીં પ્રસ્તુત છે. ભારતીય દંતકથા અનુસાર, 'સ્પિડિસ ઘુવડ' કોતરણીને 'પાણીના શેતાન' અને રાક્ષસોથી રક્ષક તરીકે સેવા આપવા માટે એક ખડક પર મૂકવામાં આવી હતી, જે વ્યક્તિને પાણીમાં ખેંચી શકે છે. ખડક પરના ઘુવડ એ માછીમારી માટે તે સ્થાનની માલિકી પણ સૂચવે છે. આ પેટ્રોગ્લિફ, 'સ્પિડિસ ઘુવડ'ને ૧૯૫૮માં ડેલેસ ડેમ વિસ્તારમાં પૂર આવે તે પહેલા કોલંબિયા નદીના કિનારેથી બચાવી લેવામાં આવ્યું હતું. આ કોતરકામ હોર્સેથીફ લેક સ્ટેટ પાર્ક, વોશિંગ્ટન ખાતે પ્રદર્શનમાં છે.

અમેરિકામાં અપાચે ભારતીય માટે ઘુવડનું સ્વપ્ન જોવું એ મૃત્યુની નજીક આવવાનો અર્થ છે. ચેરોકી શામન્સ પૂર્વીય સ્ક્રીચ ઘુવડને સલાહકાર તરીકે મહત્ત્વ આપતા હતા, કારણ કે ઘુવડ સજા તરીકે બીમારી લાવી શકે છે. ક્રી લોકો માનતા હતા કે બોરીલ ઘુવડની વ્હિસલ આત્માઓનું સમન્સ છે. જો કોઈ વ્યક્તિ સમાન વ્હિસલ સાથે જવાબ આપે છે અથવા કોલ નથી સાંભળતો, તો તે ટૂંક સમયમાં મૃત્યુ પામશે. ડાકોટા હિદાત્સા ભારતીયોએ બરોઇંગ ઘુવડને બહાદુર યોદ્ધાઓ માટે રક્ષણાત્મક ભાવના તરીકે જોયું હતું. હોપિસ ઇન્ડિયન્સ બરોઇંગ ઘુવડને તેમના મૃતકોના દેવ, અગ્નિના રક્ષક અને બીજ અંકુરણ સહિત તમામ ભૂગર્ભ વસ્તુઓના ભાગરૂપે જુએ છે. બરોઇંગ ઘુવડ માટેનું તેમનું નામ કોકો છે, જેનો અર્થ થાય છે "અંધારાના નિરીક્ષક". તેઓ એમ પણ માનતા હતા કે મહાન શિંગડાવાળા ઘુવડ તેમના જરદાલુના પાકને વધવામાં મદદ કરે છે.

ઇન્યુટ જાતિના લોકો માનતા હતા કે ટૂંકા કાનવાળું ઘુવડ એક સમયે એક યુવાન છોકરી હતી, જે જાદુઈ રીતે લાંબી ચાંચ સાથે ઘુવડમાં પરિવર્તિત થઈ હતી. પરંતુ ઘુવડ ગભરાઈ ગયો અને તેનો ચહેરો અને ચાંચ ચપટી કરીને ઘરની બાજુમાં ઉડી ગયો. તેઓએ બોરીયલ ઘુવડને "આંધળો" નામ પણ આપ્યું છે, કારણ કે તે દિવસના પ્રકાશ દરમિયાન ખુબ ઓછું જોઈ શકે છે. ઇન્યુટ બાળકો બોરિયલ ઘુવડને પાળતુ પક્ષી બનાવે

છે. ઉત્તરપશ્ચિમ કિનારાના મૂળ ક્વાગુલ્થ લોકો માનતા હતા કે ઘુવડ મૃત વ્યક્તિ અને તેમના નવા મુક્ત થયેલા આત્મા બંનેનું પ્રતિનિધિત્વ કરે છે. ઇન્યુટ જાતિના ભારતીયોને ખાતરી હતી કે ઘુવડ લોકોનો આત્મા છે અને તેથી તેને નુકસાન ન થવું જોઈએ, કારણ કે જ્યારે ઘુવડને મારી નાખવામાં આવે છે, ત્યારે તે વ્યક્તિ પણ મૃત્યુ પામે છે. લેનેપ ભારતીયો માનતા હતા કે જો તેઓ ઘુવડનું સ્વપ્ન જોશે તો તે તેમનો સરદાર બની જશે. મેનોમિની લોકો માનતા હતા કે સો-વ્હેટ ઘુવડ (ટોટોબા) અને સસલા (વાબસ) વચ્ચેની વાતચીતની હરીફાઈ પછી જ દિવસ અને રાતની રચના કરવામાં આવી હતી. સસલું જીત્યું અને દિવસનો પ્રકાશ પસંદ કર્યો, પરંતુ પરાજિત ઘુવડના ભાગમાં રાત્રિનો સમય આવ્યો.

ક્વિબેકના મોન્ટાગ્નાઈસ લોકો માનતા હતા કે સો-વ્હેટ ઘુવડ એક સમયે વિશ્વનું સૌથી મોટું ઘુવડ હતું અને તેને તેના અવાજ પર ખૂબ ગર્વ હતો. ઘુવડ દ્વારા ધોધની ગર્જનાનું અનુકરણ કરવાનો પ્રયાસ કર્યા પછી મહાન આત્માએ સો-વ્હેટ ઘુવડને એક નાનકડા ઘુવડમાં ફેરવીને એક ગીત સાથે અપમાનિત કર્યું, જે ટપકતા પાણી જેવું લાગે છે. એરિઝોનાના મોજાવે ભારતીયો માટે ઘુવડ એક મૃત્યુ સમાન જ હતું. નાવાજો દંતકથા અનુસાર સર્જક નાયનેઝગાનીએ ઘુવડને બનાવ્યા પછી કહ્યું હતું કે "...આવનારા દિવસોમાં, પુરુષો તમારું ભાવિ શું હશે તે જાણવા માટે તમારો અવાજ સાંભળશે". કેલિફોર્નિયા ન્યુક્સ માનતા હતા કે મૃત્યુ પછી બહાદુર અને સદ્ગુણી મહાન વ્યક્તિઓ શિંગડા ઘુવડ (હોર્ન્ડ આઉલ) બની જાય છે, જે ખુબ જ વિનાશકારી હોય છે.

સિએરાસમાં સ્થાનિક લોકો એમ માનતા હતા કે ગ્રેટ હોર્ન્ડ ઘુવડ મૃતકોના આત્માઓને કબજે કરે છે અને તેમને અજ્ઞાતવાસમાં લઈ જાય છે. લિંગિત ભારતીય યોદ્ધાઓ ઘુવડમાં ખૂબ જ વિશ્વાસ ધરાવતા હતા; તેઓ પોતાની જાતને આત્મવિશ્વાસ આપવા અને તેમના દુશ્મનો પર ભય ફેલાવવા માટે ઘુવડની જેમ યુદ્ધમાં ધસી આવશે, તેમ માનતા હતા. એક ઝુની દંતકથા જણાવે છે કે કેવી રીતે બરોઇંગ ઘુવડને તેનો ડાઘવાળો પ્લમેજ મળ્યો: ઘુવડોએ ઔપચારિક નૃત્ય દરમિયાન પોતાના પર સફેદ ફીણ ફેલાવ્યું, કારણ કે તેઓ નૃત્યમાં જોડાવાનો પ્રયાસ કરી રહેલા કોયોટ પર હસતા હતા. ઝુની માતાઓ બાળકને ઊંઘમાં મદદ કરવા માટે ઘુવડનું પીંછું રાખે છે.

6

ઘુવડની પૌરાણિક કથા: વૈશ્વિક પરિપ્રેક્ષ્ય

એક પ્રાચીન અરેબિક ગ્રંથ મુજબ દરેક માદા ઘુવડમાંથી બે ઈંડા નીકળ્યા, એકમાં વાળ ખરવાની શક્તિ હતી અને એક પાસે તેને પુનઃસ્થાપિત કરવાની શક્તિ હતી. આરબો માનતા હતા કે હત્યા કરાયેલ વ્યક્તિની ભાવના તેના મૃત્યુનો બદલો લેવામાં ન આવે ત્યાં સુધી રડતી રહે છે અને કણસતી રહે છે. તેઓ માનતા હતા કે એક પક્ષી કે જેને તેઓ "અલ સદા" (અથવા મૃત્યુ ઘુવડ) કહે છે, તે માર્યા ગયેલા માણસની કબર પર હૂમલો કરવાનું ચાલુ રાખશે, જેના મૃત્યુનો બદલો લેવામાં આવ્યો ન હતો. જ્યાં સુધી માર્યા ગયેલા માણસના મૃત્યુનો બદલો લેવામાં ન આવે ત્યાં સુધી આ પક્ષી (ઘુવડ) અવિરતપણે તેને મારવાનું ચાલુ રાખશે.

આર્કટિક સર્કલ: એક નાની છોકરી જાદુ દ્વારા લાંબી ચાંચ સાથે પક્ષીમાં ફેરવાઈ ગઈ હતી, પરંતુ તે એટલી ગભરાઈ ગઈ હતી કે તે ગાંડાની જેમ ફફડી ગઈ અને તેનો ચહેરો અને ચાંચ ચપટી કરીને દિવાલમાં ઉડી ગઈ. તેથી તેણીને ઘુવડ બનાવવામાં આવી હતી.

ઑસ્ટ્રેલિયા: આદિવાસીઓ માને છે કે ચામાચીડિયા પુરુષોના આત્માનું પ્રતિનિધિત્વ કરે છે અને ઘુવડ સ્ત્રીઓના આત્માનું પ્રતિનિધિત્વ કરે છે. ઘુવડ તેથી પવિત્ર છે, કારણ કે તમારી બહેન ઘુવડ છે અને ઘુવડ તમારી બહેન છે.

એઝટેક: તેમના દુષ્ટ દેવતાઓમાંના એક તેના માથા પર સ્ક્રીચ ઘુવડ પહેરતા હતા.

બેબીલોન: ઘુવડના તાવીજ પ્રસૂતિ દરમિયાન સ્ત્રીઓનું રક્ષણ કરે છે.

બેલ્જિયમ: એક પાદરીએ ઘુવડને તેના ચર્ચ ટાવરમાં રહેવાની મંજૂરી આપી હતી, જેથી તે ઉંદરો અને જીવાતોથી છૂટકારો મેળવશે.

બર્મા: પક્ષીઓ વચ્ચેના ઝઘડા દરમિયાન ઘુવડ વચ્ચે કૂદી પડ્યું હતું અને તેથી તેનો ચહેરો ચપટો થઈ ગયો હતો.

કેમરૂન: ઘુવડ "ભયભીત કરનાર પક્ષી" તરીકે ઓળખાય છે.

કાર્થેજ: આ શહેર ૩૧૦ બીસીમાં સિરાક્યુઝ (દક્ષિણ ઇટાલી) ના અગાથોકલ્સ દ્વારા કબજે કરવામાં આવ્યું હતું.. પછી તેણે તેના સૈનિકો પર ઘુવડ છોડ્યા અને તેઓ તેમની ઢાલ અને હેલ્મેટ પર સ્થાયી થયા, જે યુદ્ધમાં વિજયનો સંકેત આપે છે.

સેલ્ટિક: ઘુવડ એ અજ્ઞાતવાસની નિશાની હતી.

ચીનઃ ઘુવડ વીજળી સાથે સંકળાયેલું છે (કારણ કે તે રાતને તેજ કરે છે) અને ઢોલક સાથે પણ સંકળાયેલું છે (કારણ કે તે મૌન તોડે છે). ઘરના દરેક ખૂણામાં ઘુવડના પૂતળા મૂકવાથી તેને વીજળી સામે રક્ષણ મળે છે. ઘુવડ એ અતિશય યાંગ (સકારાત્મક, પુરૂષવાચી, તેજસ્વી, સક્રિય ઉર્જા) નું પ્રતીક છે.

ક્રોએશિયાઃ ઘુવડ એ ક્રક ટાપુ પરના ક્રર્ક શહેરનું પ્રતીક છે, અને તે સોલ્ટા ટાપુનું રક્ષક છે, જ્યાં તેને "કુવિટર" કહેવામાં આવે છે.

ઇથોપિયાઃ મૃત્યુની સજા પામેલા એક માણસને ટેબલ પર લઈ જવામાં આવ્યો, જેના પર ઘુવડ દોરવામાં આવ્યું હતું, અને પછી તે પોતાનો જીવ લેશે તેવી અપેક્ષા રાખવામાં આવી હતી.

ઈટ્રુરિયાઃ પ્રાચીન ઇટાલીના ઈટ્રુસ્કેન્સ શહેરમાં ઘુવડ એ અંધકારના દેવનું લક્ષણ હતું.

ફ્રાન્સઃ જ્યારે ગર્ભવતી સ્ત્રી ઘુવડને સાંભળે છે, ત્યારે તે એક શુકન છે કે તેનું બાળક એક છોકરી હશે.

જર્મનીઃ જો ઘુવડ બાળકની જેમ ચીસો પાડે, તો જન્મનાર શિશુનું જીવન નાખુશ હશે. "પાગલ કૂતરા દ્વારા કરડવાના ભયંકર પરિણામો સામે એક વશીકરણ એ ઘુવડના હૃદય અને જમણા પગને ડાબી બગલની નીચે લઈ જવાનું હતું." (અંધશ્રદ્ધાનો જ્ઞાનકોશ)

ગ્રીનલેન્ડઃ ઇન્યુઇટ આદિજાતિ ઘુવડને માર્ગદર્શન અને મદદના સ્ત્રોત તરીકે જુએ છે.

હવાઈઃ ઘુવડને જૂના યુદ્ધના ગીતોમાં દર્શાવવામાં આવ્યા હતા.

ઈન્કાસઃ ઘુવડને તેની સુંદર આંખો અને માથા માટે પૂજવામાં આવે છે.

ભારતઃ બાળકોમાં હુમલાની સારવાર ઘુવડની આંખોમાંથી બનાવેલા સૂપથી કરી શકાય છે. સંધિવાના દુખાવાની સારવાર ઘુવડના માંસમાંથી બનાવેલી જેલીથી કરવામાં આવી હતી. ઘુવડનું માંસ કુદરતી કામોત્તેજક તરીકે પણ ખાઈ શકાય છે. ઉત્તર ભારતમાં, જો કોઈ ઘુવડની આંખો ખાય છે, તો તે અંધારામાં જોઈ શકશે એમ મનાય છે. દક્ષિણ ભારતમાં, ઘુવડનું રુદન અને તેની સંખ્યાને આધારે નીચેની બાબતોનું અર્થઘટન કરવામાં આવતું હતું. જેવી કે, એક હૂટ તોળાઈ રહેલા મૃત્યુનું શુકન હતું; એનો અર્થ એ છે કે તરત જ શરૂ થનારી કોઈપણ બાબતમાં સફળતા; ત્રણ કુટુંબમાં પરિણીત સ્ત્રીનું પ્રતિનિધિત્વ કરે છે; ચાર વિક્ષેપ દર્શાવે છે; પાંચ સૂચિત આવતા પ્રવાસ; છ એટલે કે મહેમાનો રસ્તામાં હતા; સાત માનસિક તકલીફની નિશાની હતી; આઠ અચાનક મૃત્યુની આગાહી; અને નવ સારા નસીબનું પ્રતીક છે. ભારતીય ઉપખંડના કેટલાક ભાગોમાં, લોકો માનતા હતા કે ઘુવડના લગ્ન ચામાચીડિયા સાથે થયા હતા.

બાર્ન ઘુવડ એ હિંદુ શાણપણની દેવી લક્ષ્મીનું "વાહન" છે. જેમ કે, ઘુવડને શાણપણ અને શિક્ષણના પ્રતીક તરીકે પણ રાખવામાં આવે છે. રાગલ ઘુવડ, ખાસ કરીને રોક ગરુડ ઘુવડ (બુબો બેંગાલેન્સિસ) અને બ્રાઉન ફિશ ઘુવડ (બુબો ઝેલોનેન્સિસ) ને હિન્દીમાં "ઉલ્લુ" કહેવામાં આવે છે અને આ શબ્દનો ઉપયોગ "મૂર્ખ" અથવા "બેડોળ" માટે સમાનાર્થી તરીકે પણ થાય છે. બંગાળના મેદાનોમાં શિયાળાની શાંત અને ઠંડી રાત્રિઓમાં સૌથી વધુ ઠંડક આપનારો અવાજ કદાચ "કાલ પેંચા", બ્રાઉન હોક ઘુવડનો છે. લયબદ્ધ

"કુક-કુક-કુક" એ તોળાઈ રહેલા મૃત્યુનું પૂર્વસૂચન હોવાનું માનવામાં આવે છે.

ઈન્ડોનેશિયા: સુલાવેસી ટાપુ પર આવેલા મનાડોની આસપાસ લોકો ઘુવડને ખૂબ જ સમજદાર માને છે. તેઓ તેમને 'બુરુંગ મંગુની' કહે છે. દર વખતે જો કોઈ મુસાફરી કરવા ઈચ્છે તો તે ઘુવડની વાત સાંભળે છે. ઘુવડ બે અલગ અલગ અવાજ કરે છે; પ્રથમ અર્થ એ છે કે જવું સલામત છે, અને બીજો અર્થ એ છે કે ઘરે રહેવું વધુ સારું છે. મિનાહાસા, મનાડોની આસપાસના લોકો ઘુવડની આ ચેતવણીઓને ખૂબ જ ગંભીરતાથી લે છે.

ઇલિનોઇસ: ઘુવડને મારી નાખશો, તો તેના વંશજો તમારા પરિવાર પર બદલો લેશે.

ઈરાન: ફારસી ભાષામાં નાનું ઘુવડ (એથેન નોક્ટુઆ) ને "જોગડે-કોચેક" કહેવામાં આવે છે. એવું કહેવાય છે કે આ પક્ષી દુર્ભાગ્ય લાવે છે. ઈસ્લામમાં ઘુવડને જોયા પછી કંઈપણ ખાવાની સખ્ત મનાઈ (હરમ) છે.

આયર્લેન્ડ: ઘુવડ જે ઘરમાં પ્રવેશ કરે છે તેને તરત જ મારી નાખવું જોઈએ, કારણ કે જો તે ઉડી જશે તો તે ઘરનું નસીબ તેની સાથે લઈ જશે.

ઈઝરાયેલ: હીબ્રુ શાસ્ત્રમાં ઘુવડ અંધત્વ અને ઉજ્જડનું પ્રતિનિધિત્વ કરે છે અને તે અશુદ્ધ છે.

જમૈકા: ઘુવડના દુર્ભાગ્યને દૂર કરવા માટે "તમારા મામી માટે મીઠું અને મરી" પોકારો.

જાપાન: આઈનુ લોકોમાં ગરુડ ઘુવડ એક દેવતાઓનો સંદેશવાહક અથવા દૈવી પૂર્વજતરીકે આદરણીય છે. તેઓ શિકાર અભિયાન પહેલા ગરુડ ઘુવડને ખોરાક આપે છે. સ્કીચ ઘુવડ ભય સામે ચેતવણી આપે છે. તેમ છતાં તેઓ વિચારે છે, બાર્ન ઘુવડ અને શિંગડા ઘુવડ શૈતાની છે. તેઓ દુષ્કાળ અથવા મહામારીના સમયે તેમના ઘરોમાં ઘુવડની લાકડાની છબીઓ ખોતરી નાખશે.

લાતવિયા: જ્યારે ખ્રિસ્તી સૈનિકો મંદિરમાં પ્રવેશ્યા, ત્યારે સ્થાનિક મૂર્તિપૂજક દેવ ઘુવડ તરીકે ઉડી ગયા.

લોરેન: સ્પિનસ્ટર્સ જંગલમાં જાય છે અને તેના પતિને શોધવામાં મદદ કરવા માટે ઘુવડને બોલાવે છે.

લ્યુઇસિયાના: ઘુવડ વૃદ્ધ લોકો છે અને તેનું સન્માન કરવું જોઈએ. લ્યુઇસિયાના કેજુન્સ (જે વ્યક્તિઓ ૧૮ મી સદીમાં એકેડિયાની ફ્રેન્ચ વસાહતમાંથી નિર્વાસિતો દ્વારા લુઇસિયાનામાં લાવેલી ફ્રેન્ચ આધારિત સંસ્કૃતિને શેર કરે છે) વિચારે છે કે જો તમે મોડી રાતે ઘુવડ સાંભળો તો તમારે તરત જ પથારીમાંથી ઉઠવું જોઈએ અને આપત્તિ ટાળવા માટે તમારા ડાબા જૂતાને ઊંધો ફેરવવો જોઈએ.

લક્ઝમબર્ગ: ઘુવડ જાસૂસી ખજાનાની ચોરી કરે છે અને તેનો સંગ્રહ કરે છે.

મડાગાસ્કર: ઘુવડ મૃતકોની કબરો પર નૃત્ય કરવા માટે ડાકણો સાથે જોડાય છે.

માલાવી: ઘુવડ ડાકણો માટે સંદેશાઓનું વહન કરે છે.

મલયા: ઘુવડ નવજાત બાળકોને ખાય છે.

મયાટ્ર્સ: ઘુવડ ઝીબાલ્બાના શાસકોના સંદેશવાહક હતા.

મેક્સિકો: ઘુવડ ઉત્તરીય પવનોને ઠંડા બનાવે છે. નાના ઘુવડને "મૃતકોની ભૂમિના સ્વામીનો સંદેશવાહક" કહેવામાં આવતું હતું, અને તે જીવંત અને મૃત લોકોની જમીન વચ્ચે ઉંડાણ ભરે છે.

મધ્ય પૂર્વ: ઘુવડનો સંબંધ વિનાશ, હોનારત અને મૃત્યુ સાથે છે. એવું માનવામાં આવે છે કે તેઓ એવા લોકોની આત્માઓનું પ્રતિનિધિત્વ કરે છે જેઓ બદલો લીધા વિના મૃત્યુ પામ્યા છે. યુદ્ધના માર્ગ પર ઘુવડને જોવું એ ઘણા મૃત્યુ અને જાનહાનિ સાથે લોહિયાળ યુદ્ધની આગાહી કરે છે. કોઈના ઘરે ઘુવડ જોવું એ તેના મૃત્યુની આગાહી કરે છે. જ્યાં સુધી તમે તેનો અવાજ સાંભળતા નથી ત્યાં સુધી તમારી ઊંઘમાં ઘુવડને જોવું સારું છે. ઘુવડનો અવાજ ખરાબ દિવસની આગાહી કરે છે. એક વ્યક્તિ જે ખૂબ જ ફરિયાદ કરે છે તેની સરખામણી ઘુવડ સાથે કરવામાં આવે છે. જ્યારે કોઈ વ્યક્તિ ઉદાસ હોય છે અથવા ખરાબ સમાચાર આપે છે, ત્યારે તેને ઘુવડના જેવો ચહેરો કહેવામાં આવે છે.

મોંગોલિયા: દફનાવવામાં આવેલા લોકો દુષ્ટતાથી બચવા માટે ઘુવડની ચામડી લટકાવી દે છે.

મોંગોલિયા (આંતરિક): ઘુવડ માનવ નખ એકઠા કરવા માટે રાત્રે ઘરમાં પ્રવેશ કરે છે.

મોરોક્કો: ઘુવડના રડતા શિશુઓને મારી શકે છે. મોરોક્કન રિવાજ મુજબ ગરદનની ફરતે દોરી પર પહેરવામાં આવતી ઘુવડની આંખ એ "દુષ્ટ આંખ" ને ટાળવા માટે અસરકારક તાવીજ હતું.

ન્યુ મેક્સિકો: ઘુવડનું હૂટિંગ ડાકણોના આગમનની ચેતવણી આપે છે.

ન્યુઝીલેન્ડ: માઓરીઓ માટે ઘુવડ એક કમનસીબ પક્ષી છે.

ન્યુફાઉન્ડલેન્ડ: શિંગડાવાળા ઘુવડનો હૂટ ખરાબ હવામાનના અભિગમનો સંકેત આપે છે.

નાઇજીરીયા: દંતકથામાં, એલુલો, એક ચૂડેલ અને ઓકુની જાતિનો મુખ્ય ઘુવડ બની શકે છે. નાઇજીરીયાના અમુક ભાગોમાં સ્થાનિક લોકો ઘુવડને નામ આપવાનું ટાળે છે.

પર્શિયા: ભૂવાઓ ઘુવડને મારવા માટે મોહક માણસના નખ સાથે ટીપેલા તીરનો ઉપયોગ કરે છે.

પેરુ: બાફેલા ઘુવડને એક મજબૂત દવા માનવામાં આવે છે.

પોલેન્ડ: પોલિશ લોકકથા ઘુવડને મૃત્યુ સાથે જોડે છે. જે છોકરીઓ અપરિણીત મૃત્યુ પામે છે તેઓ કબૂતરમાં ફેરવાય છે; જ્યારે તેઓ મૃત્યુ પામે છે ત્યારે પરિણીત છોકરીઓ ઘુવડમાં ફેરવાય છે. ઘરની અંદર અથવા તેની નજીકમાં ઘુવડના રડવાનો અર્થ સામાન્ય રીતે 'તોળાઈ રહેલું મૃત્યુ, માંદગી અથવા અન્ય કમનસીબી' થાય છે. એક જૂની વાર્તા પ્રમાણે ઘુવડ દિવસ દરમિયાન એટલે બહાર આવતું નથી, કારણ કે તે ખૂબ જ સુંદર છે, અને અન્ય ઈર્ષાળુ પક્ષીઓ દ્વારા તેને ઘેરી લેવામાં આવશે, એમ મનાય છે.

પ્યુટો રિકો: ઘુવડને "મુકારો" કહેવામાં આવે છે. ૧૮૦૦ના દાયકામાં પર્વતીય કોફીના વાવેતરના લોકો કોફીના દાણાના નુકશાન માટે નાના મુકારોને દોષી ઠેરવતા હતા. માન્યતા એવી હતી કે કોફી ઘુવડના આહારનો એક ભાગ છે, અને તેથી ઘણા ઘુવડોને મારી

નાખવામાં આવ્યા હતા. આ વિષય પર જૂના લોકગીતો પણ છે, જેમ કે "ગરીબ મુકારો, તમે એક સજ્જન છો, તમે માત્ર એક ઉંદર ખાવા માંગો છો. પછી ઉંદરે જાળ ગોઠવી, તે કોફીના દાણા ખાય છે, અને લોકો તમને દોષ આપે છે."

રોમાનિયા: પસ્તાવો કરનારા પાપીઓની આત્માઓ સ્નોવી ઘુવડના વેશમાં સ્વર્ગમાં ઉડાન ભરી હતી.

રશિયા: શિકારીઓ ઘુવડના પંજા સાથે રાખે છે જેથી કરીને, જો તેઓ માર્યા જાય, તો તેમના આત્માઓ તેનો ઉપયોગ સ્વર્ગમાં કરી શકે. મધ્ય રશિયાના ટાર્ટર શેમેન ઘુવડના આકાર ધારણ કરી શકે છે. કાલમુક્સ ઘુવડને પવિત્ર માને છે, કારણ કે એક વખત એક વ્યક્તિએ ચંગીઝ ખાનનો જીવ બચાવ્યો હતો.

સમોઆ: લોકો ઘુવડના વંશજ છે.

સૅક્સોની: વેન્ડ લોકો કહે છે કે ઘુવડને જોવાથી સુંદર બાળકનો જન્મ થાય છે.

સ્કોટલેન્ડ: દિવસના પ્રકાશમાં ઘુવડને જોવું એ ખરાબ નસીબ છે.

શેટલેન્ડ ટાપુઓ: જો ઘુવડથી કોઈ ડરી જાય તો તેની ગાય લોહિયાળ દૂધ આપશે.

સાઇબિરીયા: ઘુવડ એ મદદરૂપ ભાવના છે.

સ્પેન: ઘુવડ એક સમયે ગાયકોમાં સૌથી મધુર હતું, જ્યાં સુધી તેણે ઈસુને વધસ્તંભે જડેલા જોયા. ત્યારથી તે દિવસના પ્રકાશથી દૂર રહે છે અને માત્ર 'ક્રુઝ, ક્રુઝ' ('ક્રોસ, ક્રોસ') શબ્દોનું પુનરાવર્તન કરે છે.

શ્રીલંકા: ઘુવડના લગ્ન ચામાચીડિયા સાથે થાય છે.

સુમેરિયા: મૃત્યુની દેવી, લિલિથ, ના લગ્નમાં ઘુવડોએ પણ હાજરી આપી હતી.

સ્વીડન: ઘુવડ ડાકણો સાથે સંકળાયેલું છે.

ટાંગિયર્સ: બાર્ન ઘુવડ એ શેતાનનો દાવેદાર છે.

ટ્રાન્સિલ્વેનિયા: ખેડૂતોને ડરાવવા માટે ઘુવડને ઉપયોગમાં લેવાય છે. ઘુવડ તેમના ખેતરોની આસપાસ નગ્ન થઈને ફરે છે.

ઉરલ પર્વતો: બરફીલા ઘુવડને પાછળ રહેવા માટે બનાવવામાં આવ્યા હતા, જ્યારે અન્ય પક્ષીઓ છેતરપિંડી માટે એક સજા તરીકે સ્થળાંતર કરે છે.

યુ.એસ.એ.: જો તમે ઘુવડના રડવાનો અવાજ સાંભળો, તો તમારે તેને કૉલ પરત કરવો જ પડશે, નહીં તો અશુભ પરિમાણોથી બચવા માટે તમારે કોઈપણ એક વસ્તુ ઉપાડવી પડશે અને તેને ફરીથી અંદર મુકવી પડશે (જેમ કે, કપડાં).

વેલ્સ: ઘરોમાં ઘુવડના અવાજનો અર્થ થાય છે કે અપરિણીત છોકરીએ તેનું કૌમાર્ય ગુમાવ્યું છે. જો કોઈ સ્ત્રી ગર્ભવતી હોય અને તે રાત્રે તેના ઘરની બહાર ઘુવડનો અવાજ સાંભળે તો તેના બાળકને આશીર્વાદ મળશે. વેલ્શ પૌરાણિક કથાઓમાં, બ્લોડ્યુડ (ફૂલોમાંથી બનેલી સ્ત્રી) ને તેના પતિના કાકા દ્વારા શ્રાપ આપવામાં આવે છે અને તેણીને ઘુવડમાં ફેરવે છે.

7

ઘુવડ પર માનવીય અસરો

મનુષ્ય લાંબા સમયથી પૃથ્વી પર અન્ય પ્રજાતિઓ અને તેની સાથે વસવાટ કરે છે. આ ક્રિયાપ્રતિક્રિયાઓ અથવા અસરોને નુકસાનકારક અથવા ફાયદાકારક ગણી શકાય. ચિંતા નો વિષય એટલે છે, કારણ કે કેટલીક અસરો હાનિકારક છે. ઘણા લોકો "અસર" શબ્દને નકારાત્મક શબ્દ તરીકે પણ અર્થઘટન કરે છે. આ અસર માનવીઓ અને ઘુવડ વચ્ચેની ક્રિયાપ્રતિક્રિયાના હકારાત્મક અને નકારાત્મક બંને પાસાઓને સૂચિત કરે છે. આ સ્પષ્ટ કરવું એટલા માટે જરૂરી છે, કારણ કે માણસો ઘુવડને નુકસાનકારક અને ફાયદાકારક બંને રીતે અસર કરે છે. મનુષ્યો દ્વારા પ્રભાવિત પ્રજાતિઓનું એક જૂથ ટાયટોનીડી અને સ્ટ્રિગિડી પરિવારોથી બનેલું ઘુવડ છે. ઘુવડ એકદમ ગુપ્ત હોય છે અને ઘણા લોકો તેમના પર મનુષ્યો દ્વારા લાદવામાં આવતી અસરોથી અજાણ હોય છે.

યુનાઇટેડ સ્ટેટ્સમાં ઘુવડની ૧૯ પ્રજાતિઓ છે. ઘણા લોકો માને છે કે બધા જ ઘુવડ ઝાડમાં રહે છે. કેટલીક પ્રજાતિઓ જેમ કે બરોઇંગ ઘુવડ (એથેન ક્યુનિક્યુલેરિયા) મુખ્યત્વે ભૂગર્ભમાં રહે છે, અને ટૂંકા કાનવાળા ઘુવડ (એસિયો ફ્લેમિયસ) સીધા જમીન પર જ માળો બાંધે છે. બધા ઘુવડ મોટા હોતા નથી. ગ્રેટ ગ્રે ઘુવડ (સ્ટ્રિક્સ નેબ્યુલોસા) આશરે ૭૪ સેમી ઊંચાઈ ધરાવે છે, જ્યારે અન્ય ઘુવડ જેમ કે એલ્ફ આઉલ (માઈક્રેથેન વ્હીટની) માત્ર ૧૫ સેમી જેટલી જ ઊંચાઈ ધરાવે છે. આવી વિવિધતા સાથે એક જ માનવ ક્રિયાપ્રતિક્રિયાના વિવિધ જાતિઓ પર વિવિધ પરિણામો આવી શકે છે.

ઘુવડ પર બે સ્તરે અસર થઈ શકે છે: વ્યક્તિગત અને સામુહિક. વ્યક્તિગત ધોરણમાં કેટલીક અસરોનો સમાવેશ થાય છે, જે ભૌગોલિક વિસ્તારની માત્ર પસંદ કરેલી વ્યક્તિઓને જ અસર કરે છે. મોટેભાગે, આ અસરો ભૌગોલિક શ્રેણીમાં ઘુવડની એકંદર વસ્તી ગતિશીલતા પર સખત અસર કરતી નથી. સામુહિક અસરો જીવવિજ્ઞાનીઓ માટે વધુ ચિંતાનો વિષય છે, કારણ કે તે સામાન્ય રીતે તમામ ઘુવડોને નહીં પરંતુ તેની અમુક જ પ્રજાતિઓને સૌથી વધુ અસર કરે છે.

વ્યક્તિગત અસરો

કેટલીક અસરો ફક્ત વ્યક્તિગત ઘુવડને જ અસર કરે છે. ઘુવડ સામેની વ્યક્તિગત અસરોમાં ઇરાદાપૂર્વક ગોળીબાર, જાળમાં ફસાવવા અને ઝેર આપવાનો સમાવેશ થાય છે. જો કે શિક્ષણ અને કાયદાને કારણે આવી અસરોમાં ઘટાડો થયો છે, તેમ છતાં તે

એક સમસ્યા તો બની જ રહી છે. જે વ્યક્તિઓને લાગે છે કે પક્ષીઓ તેમની આજીવિકા માટે જોખમ ઊભું કરી રહ્યાં છે, તેઓ પક્ષીઓને દૂર કરવા માટે આ પ્રકારના પગલાં લેવાની શક્યતા વધારે છે. પીંછા એકત્રિત કરવા અથવા રમતગમત માટે ઘુવડની હત્યા થયાના પ્રકાશિત અહેવાલો પણ છે. એવા વિસ્તારોમાં સ્પોટેડ ઘુવડની હત્યાઓ દસ્તાવેજીકૃત કરવામાં આવી છે, જ્યાં લોગીંગ (વૃક્ષોનું થડમાંથી નિકંદન) એ અર્થતંત્રનો એક મહત્વપૂર્ણ ભાગ છે. લાંબા કાનવાળા, બરોઇંગ અને ટૂંકા કાનવાળા ઘુવડના ગોળીબારના અહેવાલો પણ નોંધવામાં આવ્યા છે. ઘુવડની મોટાભાગની પ્રજાતિઓ નિશાચર હોવાથી તેઓ દૈનિક પક્ષીઓની પ્રજાતિઓ જેવી અસરનો સામનો કરી શકતા નથી. ઘુવડની વસ્તી પર આ હત્યાઓની અસર હોવાની ચર્ચા ચાલી રહી છે. કેટલાક સંશોધકોએ તારણ કાઢ્યું છે કે આ હત્યાઓ ઘુવડની સ્થાનિક વસ્તીમાં ઘટાડાનું કારણ બની શકે છે, જ્યારે અન્ય લોકો કહે છે કે સમગ્ર વસ્તી પર કોઈ લાંબા ગાળાની અસર નથી.

પાવર લાઇન (વીજળીના તાર) એ ઘુવડ માટે ફાયદાકારક અને હાનિકારક પણ બને છે. પાવર લાઇન અને થાંભલાઓથી ઘુવડને જે ફાયદાકારક અસર થાય છે, તે તેમની પેર્ચિંગ (ટૂંકા સમય માટે બેસવું) અને રૂસ્ટિંગ (લાંબા સમય માટે બેસવું) ક્રિયાઓ માટે ફાયદાકારક છે. પાવર લાઇનની આસપાસના વિસ્તારો, જે સાફ હોય છે, તે ઘુવડને શિકાર કરવા માટે એક સારું રહેઠાણ પૂરું પાડે છે. ઘુવડ પાવર લાઇન અથવા પોલ પર બેસી શકે છે અને શિકાર માટે આસપાસના વિસ્તારને ખુબ સારી રીતે નિહાળી શકે છે. પાવર લાઈનો જે મુખ્ય નુકસાનનું કારણ બને છે, તે ઇલેક્ટ્રોકયુશન (વીજળીના કરંટથી ઇજા, નુકસાન અથવા મોત) છે. ઘુવડની વિવિધ પ્રજાતિઓ વીજળીથી કરંટ લાગતી જોવા મળી છે, જેમાં ગ્રેટ હોર્ન્ડ ઘુવડ (બુબો વર્જિનિઅસ) અને ટૂંકા કાનવાળા ઘુવડ (એસિયો ફ્લેમિયસ) નો સમાવેશ થાય છે. ઘુવડ કદાચ જાણ કરતાં વધુ વખત પાવર લાઇનનો સામનો કરે છે. કેટલીક વ્યક્તિઓ ઘાયલ થઈ શકે છે અને ક્યારેય ન મળે તેવા વિસ્તારથી દૂર ઢસડાઈ પણ શકે છે. ઇલેક્ટ્રોકયુશનને કારણે ઘુવડની વસ્તી કદાચ નોંધપાત્ર રીતે ઘટી નથી. પાવર અને યુટિલિટી ટેક્નોલૉજીના વધવા સાથે પાવર લાઇનની આ પ્રકરની નકારાત્મક અસરો ઘટતી નોંધાઈ છે.

ઘુવડને જે વ્યક્તિગત અસરોનો સામનો કરવો પડે છે તેમાં ઓટોમોબાઈલ સૌથી વધુ નુકસાનકારક હોય છે. ઘુવડ સામાન્ય રીતે શિકાર કરે છે ત્યારે ઘણા લોકો રાત્રે વાહન ચલાવે છે. ઘણા ઘુવડ શિકાર માટે હાઇવે અને નજીકના વિસ્તારોનો ઉપયોગ કરે છે. ઘુવડ તેમના શિકારની દેખરેખ રાખવા માટે વૃક્ષો અને અન્ય સંરચનાઓ પર આધારિત રહે છે. જ્યારે ઘુવડ તેમના શિકારને જુએ છે, ત્યારે તેઓ જમીનની નજીક ઉડતા શિકાર માટે આગળ વધે છે. ઘુવડની આંખો આગળ સ્થિત હોવાથી તેઓ લગભગ ૧૧૦ ડિગ્રીનું સાંકડું દ્રશ્યક્ષેત્ર ધરાવે છે, જેના પરિણામે "ટનલ વિઝન" થાય છે. જો ઘુવડ રસ્તા પર કાટખૂણે ઉડતું હોય તો તે આવનારી ઓટોમોબાઈલ (વાહન) જોઈ શકશે નહીં. હવાઈમાં ૧૯૯૨-૧૯૯૪ દરમિયાન કરવામાં આવેલા એક અભ્યાસમાં ૮૧ બાર્ન આઉલ્સ (ટાયટો આલ્બા) અને પાંચ ટૂંકા કાનવાળા ઘુવડ (એસિયો ફ્લેમિયસ) નું તેમના મૃત્યુનું કારણ

નક્કી કરવા માટે મૂલ્યાંકન કરવામાં આવ્યું હતું. આઘાતથી મૃત્યુ પામેલા ૪૦માંથી, ૨૯ ઘુવડ ઓટોમોબાઈલ સાથે અથડાયા હોવાનું જણાયું હતું. ઈસ્ટર્ન સ્ક્રીચ ઘુવડ (ઓટસ એસીયો) પરના અભ્યાસમાં જાણવા મળ્યું છે કે વાહનો, રસ્તાઓ પાસે વારંવાર શિકાર કરતી વખતે, સ્ક્રીચ ઘુવડને મારી નાખે છે. ઓટોમોબાઈલ દ્વારા મૃત્યુની સંખ્યા ઘુવડની ચોક્કસ વસ્તી માટે હાનિકારક ગણી શકાતી નથી.

ઘુવડની આડેધડ હત્યાનું બીજું કારણ કાંટાળા તારની વાડ છે. કાંટાળા તારની વાડ દ્વારા માર્યા ગયેલા ઘુવડોની સંખ્યા કદાચ નોંધપાત્ર નથી, પરંતુ તે ઘણી વખત નોંધવામાં આવી છે. સમગ્ર યુનાઇટેડ સ્ટેટ્સમાં ગ્રેટ હોર્ન્ડ, બુરોઇંગ, શોર્ટ-ઇયર અને બાર્ન ઘુવડ કાંટાળા તારની વાડમાં ફસાયેલા જોવા મળે છે. ૧૬ જુલાઈ ૧૯૯૩ના રોજ કોલોરાડોમાં એક મૃત લાંબા કાનવાળું ઘુવડ (એસિયો ઓટસ) કાંટાળા તારની વાડમાંથી લટકતું મળી આવ્યું હતું. વેસ્ટર્ન નોર્થ કેરોલિના નેચર સેન્ટરના રેપ્ટર રિહેબિલિટેટર હીથર બેસ્ટએ જણાવ્યું હતું કે મોટા ભાગના મોટા શિંગડાવાળા ઘુવડ, જે તેમને મળે છે તે કાંટાળા તારની વાડમાં ફસાઈ જવાથી ઘાયલ થયેલા હોય છે.

ઘુવડોને વ્યક્તિગત ધોરણે અસર કરતી માનવીય અસરોની યાદીમાં ડેમ, સંશોધન, રેલરોડ, એરોપ્લેન, મનોરંજન અને સામૂહિક ધ્વનિ પ્રદૂષણ (જેમ કે સોનિક બૂમ્સ) નો પણ સમાવેશ થાય છે. ત્યજી દેવાયેલી ફિશિંગ લાઇનમાં ઘુવડ પકડાયા હોવાના અહેવાલો પણ મળ્યા છે. આ વ્યક્તિગત અસરો ઘુવડ માટે હાનિકારક છે, પરંતુ વસ્તીના ધોરણે ઘુવડને અસર કરતી અસરો વૈજ્ઞાનિકો માટે વધુ ચિંતાનો વિષય છે. વસ્તીના ધોરણની અસરો ઘુવડ પર વધુ અસર કરે છે, તેથી સામાન્ય રીતે તેનો વધુ અભ્યાસ કરવામાં આવે છે, અને તે પર્યાવરણીય રીતે વધુ મહત્વપૂર્ણ છે.

ઘુવડ પર ટોક્સિકોલોજિકલ (ઝેરી) અસરો

રાસાયણિક દૂષણ ઘુવડની વસ્તી માટે સૌથી વધુ હાનિકારક જોખમો પૈકીનું એક માનવામાં આવે છે. જ્યારે ઘુવડ પર મોટાભાગની માનવીય અસર સ્થાનિક સ્તરે થાય છે, ત્યારે જંતુનાશકો અને અન્ય રસાયણો વૈશ્વિક સ્તરે ઘુવડને અસર કરે છે. રસાયણો કોઈપણ ભૌગોલિક વિસ્તાર સુધી મર્યાદિત નથી, કારણ કે તેઓ હવા, માટી અને પાણી દ્વારા ફેલાઈ શકે છે. રાસાયણિક દૂષણ ઘુવડ માટે ખૂબ જ હાનિકારક છે, તેનું એક કારણ એ પણ છે કે તેઓ જંતુનાશકોને ઓળખી શકતા નથી અને ટાળી શકતા પણ નથી. અન્ય માનવીય અસરો સાથે ઘુવડ ફેરફારોને ઓળખી શકે છે અને કોઈ અલગ સ્થાન પર જઈ શકે છે અથવા ફેરફારોને અનુકૂલન કરી શકે છે. ઘુવડ રાસાયણિક પ્રદૂષણને ટાળી શકતા નથી જે એક વૈશ્વિક સમસ્યા છે.

મોટાભાગના સમયે રાસાયણિક દૂષણ ઘુવડને સીધું મારતું નથી. તેના બદલે રસાયણો સામાન્ય રીતે બાયોએક્યુમ્યુલેશન દ્વારા ઘુવડને અસર કરે છે. ખાદ્ય શૃંખલાના નીચલા સ્તરો ઉચ્ચ સ્તરના જંતુનાશકોનો ઉપયોગ કરતા નથી. જેમ જેમ તમે વિવિધ ટ્રોફિક સ્તરોની ઉપર જાઓ છો તેમ તેમ રસાયણોનો સંચય વધે છે. ખાદ્ય શૃંખલાના તળિયેની પ્રજાતિઓ રસાયણની ઓછી સાંદ્રતાનો અનુભવ કરે છે. જ્યારે શિકારી શિકારને

ખાય છે, ત્યારે શિકારમાંથી ઝેરી તત્વો શિકારીમાં એકઠા થાય છે. રસાયણોનું આ બિલ્ડ (એકઠું થવું) એ ફૂડ ચેઇનને આગળ ધપાવે છે. ઘુવડ ખાદ્ય શૃંખલામાં ટોચ પર હોવાથી તેઓ તેમના શિકારમાંથી મોટા પ્રમાણમાં રસાયણો એકઠા કરે છે. તેમના શરીરમાં રસાયણોની જાળવણી એ જૈવસંચય સાથે સમસ્યાઓનું કારણ પણ બને છે. ઘણા જંતુનાશકો, ઉંદરનાશકો અને અન્ય રસાયણોની સમસ્યા એ છે કે તેમાંના ઘણા પર્યાવરણમાં ભંગાણ સામે પ્રતિરોધક છે. રસાયણો, જે તૂટતા નથી, તે પર્યાવરણમાં પ્રવેશ્યા પછી ઘણા વર્ષો સુધી સમસ્યાઓ ઊભી કરી શકે છે. ડીડીટી એ પ્રતિરોધક રસાયણનું એક ઉદાહરણ છે, જેણે ઘુવડ અને અન્ય રાપ્ટર્સ (શિકારી પક્ષીઓ) ને અસર કરી છે.

વિવિધ શિકારી પક્ષીઓ પર રસાયણોની અસરોનો અભ્યાસ કરવાનું મહત્વ વૈજ્ઞાનિકોને સમજાયું છે. ઘુવડમાં પ્રદૂષક સ્તરો નક્કી કરવા માટે વિવિધ પદ્ધતિઓનો ઉપયોગ કરી શકાય છે. દાત. રોડ કિલ્સ (રસ્તા પર મૃત પામેલ સજીવો) નું મૂલ્યાંકન, બિનફળદ્રુપ અને ફળદ્રુપ ઇંડા, ઈંડાના શેલ (કોચલું) ના ટુકડા, પીછા, લોહી, ચરબી, યકૃત અને સ્નાયુઓની બાયોપ્સી. ઘુવડમાં રસાયણો પણ ગૌણ ઝેરનું કારણ બને છે. ઘુવડો શિકાર દ્વારા ગૌણ ઝેર મેળવે છે, જેણે એક રસાયણનું સેવન કર્યું છે, જે શિકાર અથવા ઘુવડના શરીરમાં અન્ય રસાયણમાં તૂટી શકે છે (જેમ કે ડીડીટીનું ડીડીઇમાં તૂટી જવું). બાર્ન ઘુવડ પર ફેમ્ફર (ઓર્ગેનોફોસ્ફેટ) નામના જંતુનાશકની અસરો પરના અભ્યાસો સૂચવે છે કે ફેમ્ફરને અન્ય રસાયણોની જેમ ખતરનાક માનવામાં આવતું નથી, કારણ કે જૈવિક પ્રક્રિયાઓ તેને ઝડપથી નિષ્ક્રિય કરે છે. ફેમ્ફર તેના ભંગાણ પહેલા અને સંભવિત ઘુવડના શિકારને મારી નાખતા પહેલા સંચિત થવાની સંભાવનાને કારણે એવું માનવામાં આવતું હતું કે ફેમ્ફરના સંપર્કમાં રહેલો શિકાર શિકારના પક્ષીઓને ગૌણ ઝેરનું કારણ બની શકે છે. એક અભ્યાસ એ પણ સૂચવે છે કે ઘુવડ અને અન્ય રાપ્ટર્સ કે જેઓ ફેમ્ફર દ્વારા ઝેરી શિકાર ખાય છે, તેઓ ગૌણ ઝેરનો અનુભવ કરી શકે છે.

ગૌણ ઝેરનો બીજો દાખલો ઘુવડ પર વોલિડ (એક ઉંદરનાશક) ની અસરનો અભ્યાસ હતો. આ અભ્યાસમાં સફરજનના બગીચામાં વોલ (ઉંદર જેવું પ્રાણી) ની વસ્તીને નિયંત્રિત કરવા માટે વોલીડનો ઉપયોગ કરવામાં આવ્યો હતો. રેડિયો ટ્રાન્સમિટર્સ ૩૮ ઈસ્ટર્ન સ્ક્રીચ ઘુવડ, પાંચ બેરેડ ઘુવડ, ત્રણ લાલ પૂંછડીવાળા હોક્સ, બે મહાન શિંગડાવાળા ઘુવડ અને બે લાંબા કાનવાળા ઘુવડમાં ફિટ કરવામાં આવ્યા હતા. ૫૭ ટકા સારવાર બાદ છ સ્ક્રીચ ઘુવડને વોલિડ દ્વારા માર્યા ગયેલા તરીકે હકારાત્મક રીતે ઓળખવામાં આવ્યા હતા. આ અભ્યાસમાં એક લાંબા કાનવાળું ઘુવડ ગૌણ ઝેરથી મૃત્યુ પામ્યું હોવાનું પણ જણાયું હતું. ઘુવડની ઘણી પ્રજાતિઓ નાના ઉંદરોનો શિકાર કરે છે (જેમ કે વોલ્સ). એક સંશોધનમાં એમ પણ જોવામાં આવ્યું હતું કે વોલિડ દ્વારા ઝેરી ખોરાક ખાવાથી વોલિડના જૈવ સંચયને કારણે પૂર્વીય સ્ક્રીચ ઘુવડ અને અન્ય રાપ્ટર્સ માટે નોંધપાત્ર જોખમો ઉભા થાય છે.

રસાયણોથી ઘુવડની અમુક પ્રજાતિઓની સીધી હત્યાના કિસ્સા નોંધાયેલા છે. કેનેડામાં કાર્બોફ્યુરાન નેસ્ટ સાઇટ્સ પર રસાયણોથી ઘુવડની વસ્તીમાં નોંધપાત્ર ઘટાડો થતો જોવામાં આવ્યો છે. જંતુઓ, જીવાત અને નેમાટોડ્સને મારવા માટે કાર્બોફ્યુરાનનો ઉપયોગ જંતુનાશક તરીકે થાય છે. તેનો ઉપયોગ ખેતર, ફળો અને શાકભાજી અને જંગલ પાકોમાં જીવાતો સામે થઈ શકે છે. આ જંતુનાશક પક્ષીઓના જો સીધા સંપર્કમાં આવે તો ગૌણ ઝેરના કારણે પક્ષીઓ માટે તે અત્યંત ઝેરી હોવાનું માનવામાં આવે છે. યુનાઇટેડ સ્ટેટ્સમાં ૧ લી સપ્ટેમ્બર, ૧૯૯૪ના રોજ દાણાદાર કાર્બોફ્યુરાન પર પ્રતિબંધ મૂકવામાં આવ્યો હતો. જે હજુ પણ સ્પ્રે તરીકે ઉપયોગ કરવા માટે કાયદેસર છે, પરંતુ તેને પ્રતિબંધિત ઉપયોગ જંતુનાશક તરીકે વર્ગીકૃત કરવામાં આવે છે. સમગ્ર ઉત્તર અમેરિકામાં તેના વ્યાપક ઉપયોગ સાથે તે ઘુવડ માટે સંભવિત જોખમ ઊભું કરી શકે છે.

બધા જ પ્રદૂષકો કૃષિ પદ્ધતિઓ અથવા ઉંદરનાશકોમાંથી ફેલાતા નથી. ૧૯૮૦ના દાયકાના અંતમાં હાથ ધરાયેલા એક અભ્યાસમાં ઉત્તરી ઇડાહોમાં ગ્રેટ હોર્ન્ડ આઉલ્સ અને વેસ્ટર્ન સ્ક્રીચ ઘુવડમાં ખાણકામમાંથી લેડ (પ્લમ્બમ) મળી આવ્યું હતું. જો કે તેનાથી કોઈ ઘુવડનું મૃત્યુ થયાનું નોંધવામાં આવ્યું ન હતું. ઘુવડની આ બે પ્રજાતિઓમાં સાંદ્રતા પ્રમાણમાં ઓછી હતી, તેમ છતાં ઉચ્ચ સાંદ્રતામાં લેડ ધાતુ ઘુવડને નકારાત્મક રીતે અસર કરી શકે છે અથવા તો મૃત્યુનું કારણ પણ બની શકે છે. પર્યાવરણમાં કુદરતી રીતે થતા કેટલાક ઝેર ઘાતક હોય છે. પારો (મરક્યુરી) એ કુદરતી રીતે બનતું ઝેરી તત્વ છે, જે મોટાભાગના વાતાવરણમાં જોવા મળે છે. માણસો ઉદ્યોગ દ્વારા મોટી સાંદ્રતામાં પર્યાવરણમાં પારો છોડે છે, જે મોટી માત્રામાં ઘુવડ માટે જોખમી છે.

કેટલાક અભ્યાસોએ ઘુવડ પર રસાયણોની અસર જાહેર કરી છે. કાર્બોનિલ-આધારિત જંતુનાશકો બિન-લક્ષિત શલભ (મોથ, કુદા) નો નાશ કરે છે, જે સંવર્ધનઋતુ ની શરૂઆતમાં ફ્લેમ્યુલેટેડ ઘુવડ માટે ગંભીર સાબિત થઇ શકે છે. આ કુદા ફ્લેમ્યુલેટેડ ઘુવડના શિકારમાંના એક છે. કુદા પર શિકાર, જે ચોક્કસ જંતુનાશકોના સંપર્કમાં છે, તે ફ્લેમ્યુલેટેડ ઘુવડ અને ઘુવડની અન્ય પ્રજાતિઓને ગૌણ ઝેરનું કારણ બની શકે છે. ગ્રેટ ગ્રે ઘુવડ મુખ્યત્વે નાના ઉંદરોનો શિકાર કરે છે. ઘણાને ઉંદરનાશકો સાથે ઝેર આપવામાં આવે છે. બાર્ન ઘુવડમાં જંતુનાશકોના અવશેષો હોય છે, અને કૃષિ પદ્ધતિઓમાં વપરાતા જંતુનાશકોને કારણે ઇંડાના શેલ (કોચલું) પાતળા થાય છે. ઘુવડ જમીન પર માળો બાંધે છે, જેથી તેઓ જમીન પર જંતુનાશકો, જંતુનાશક દવાઓ અને અન્ય રસાયણોના ઉપયોગથી સીધા અસર પામે છે.

ઘુવડ પર કૃષિ અસરો

ખેતી ઘુવડને અસર કરે છે, જે પરોક્ષ રીતે તેના પ્રાથમિક રહેઠાણમાં ફેરફાર કરે છે. યુનાઇટેડ સ્ટેટ્સમાં ખેતી અને પશુપાલન એ પ્રાથમિક જમીનનો ઉપયોગ છે. કૃષિ પદ્ધતિઓ ઘણીવાર લેન્ડસ્કેપ્સમાં ફેરફાર કરતી હોવાથી ઘુવડ પર ફાયદાકારક અને નુકસાનકારક એમ બંને પ્રકરની અસરો કરી શકે છે. ઘુવડ માટે ખેતીના સૌથી ફાયદાકારક પાસાઓ, વૃક્ષોનું વાવેતર અને કોઠાર જેવા માળખાનું નિર્માણ છે. ઘુવડની એક પ્રજાતિ,

જે ખેતીની જમીનો પરના કોઠાર અને અન્ય ઇમારતોમાંથી લાભ મેળવે છે, તે છે બાર્ન ઘુવડ. બાર્ન ઘુવડ ખુલ્લા મેદાનો અને શિકાર માટે હેજ (વાડ) સાથે ગ્રામ્ય વિસ્તારોમાં વસે છે, અને સંવર્ધન સ્થળો માટે જૂની ઇમારતોનો ઉપયોગ કરે છે. ૨૦મી સદીની શરૂઆતમાં ઘણા કોઠાર અને ફાર્મહાઉસ બાંધવામાં આવ્યા હતા. આ બાર્ન ઘુવડને અનુકૂળતાથી વસવાટ કરવા માટે રહેઠાણ પ્રદાન કરે છે.

ખેતરોમાં કે ઘાસિયા પ્રદેશોમાં ચરાવવાની પદ્ધતિ ફાયદાકારક અને નુકસાનકારક પણ છે. કેટલાક સંજોગોમાં ચરાવવાથી ઘુવડ પર ફાયદાકારક અસર થઇ શકે છે. ઊંચા ઘાસવાળી જમીનને ચરાવવાથી સસ્તન પ્રાણીઓનો નાશ કરવા માટે યોગ્ય રહેઠાણ બનાવી શકાય છે. તેથી માણસો ઘુવડને ઘુવડ માટે માળો બાંધવાની જગ્યાઓ પૂરી પાડે છે. ઘુવડ ચરાવવાથી પ્રભાવિત થાય છે, જેની બે પ્રાથમિક રીતો છે. પ્રથમ, નેસ્ટિંગ સાઇટની ઉપલબ્ધતામાં ફેરફાર, જેમાં ઘાસના મેદાનો અને માર્શ (સામુહિક) વસવાટોમાં સઘન ચરાઈ, ટૂંકા કાનવાળા ઘુવડ જેવા ગ્રાઉન્ડ નેસ્ટિંગ રેપ્ટર્સના માળખાના નિવાસસ્થાન પર પ્રતિકૂળ અસર કરી શકે છે. ઉત્તર ડાકોટામાં ટૂંકા કાનવાળા ઘુવડ ચરાયેલા રહેઠાણને ટાળે છે. ઘુવડને ચરવાથી અસર થાય છે. બીજી રીત છે શિકારની વિપુલતા અને નબળાઈ. વસવાટમાં ફેરફારને કારણે નાના પક્ષીઓ, સસ્તન પ્રાણીઓ અને સરિસૃપોની વસ્તીમાં ઘટાડો થયો છે. ચરવાથી વનસ્પતિના આવરણને ઘટાડી શકાય છે. શિકારની પ્રજાતિઓ કે જેને નીચા સ્તરના આવરણની જરૂર હોય છે, તેઓને ગાઢ અથવા ઊંચા આવરણની જરૂર હોય તેવા આવાસો કરતાં વધુ પસંદ કરવામાં આવે છે. જમીનની નીચેનું આવરણ ઘુવડ દ્વારા શિકારને વધુ સરળતાથી જોઈ અને પકડી શકે છે. સાઉથ ડાકોટામાં પુખ્ત ગ્રેટ હોર્ન્ડ ઘુવડ મુખ્યત્વે એવા વિસ્તારોમાં શિકાર કરે છે, જ્યાં કોઈ કવર (આચ્છાદિત જગ્યા) ઓછી હોય છે.

પશુધનની ચરવાની ક્રિયાને કારણે ઘુવડ પર પરોક્ષ અસરો પણ વર્તાય છે. એક છે, પાણીના તળાવોનો વિકાસ. એરિઝોનામાં સ્ટોક તળાવોએ મેસ્ક્વીટ જંગલો માટે યોગ્ય પરિસ્થિતિઓ પ્રદાન કરી છે, જે લાંબા કાનવાળા ઘુવડ માટે નિવાસસ્થાન પ્રદાન કરે છે, જે અગાઉ ત્યાં નહોતા. ૧૯૨૦ પહેલા ઓહિયોમાં બાર્ન ઘુવડ અત્યંત દુર્લભ હતું. ૧૯૨૦ અને ૧૯૩૦ના દાયકામાં ગ્રામ્ય વિસ્તારોને સાફ કરવાથી ઘુવડની વસ્તીમાં ઘણો નોંધપાત્ર ઘટાડો થયો હતો. ત્યારથી બાર્ન ઘુવડની વસ્તી એકંદરે ઘટી છે. આ ઘટાડો ઘાસના મેદાનોની ઉપલબ્ધતા સાથે સંકળાયેલો છે. જેમ જેમ ઘાસના મેદાનો ઘટ્યા છે, તેમ તેમ બાર્ન ઘુવડની વસ્તી પણ ઘટી છે. વસ્તી વધારો ૧૯૨૦ના દાયકામાં શરૂ થયો અને ૧૯૬૦ના દાયકા સુધી આ ઘટાડો વધતો ગયો.

ઇડાહોમાં રેપ્ટર પ્રજાતિઓ પર કૃષિ વિકાસના પ્રભાવ પર એક અભ્યાસ કરવામાં આવ્યો હતો. આ અભ્યાસ ૧૯૮૬-૮૭ સુધી માર્ગ સર્વેક્ષણ દ્વારા દક્ષિણ ઇડાહોમાં સ્નેક રિવરના સપાટ મેદાનોમાં હાથ ધરવામાં આવ્યો હતો. રેપ્ટર્સની ૧૧ પ્રજાતિઓમાંથી બે ઘુવડની પ્રજાતિઓ હતી. બરીઇંગ ઘુવડ એકમાત્ર નિવાસી હતા, જે કૃષિ રીતે વિકસિત વિસ્તારોમાં વિકસ્યા હતા. અભ્યાસ દરમિયાન ટૂંકા કાનવાળું ઘુવડ પણ જોવા મળ્યું હતું.

તેઓ વિકસિત વિસ્તારોમાં ઓછા પ્રમાણમાં હતા. શિકારની ઘનતામાં ઘટાડાથી ઘુવડને બીજી અસર પણ થઈ શકે છે. શિકારની વસ્તીમાં તફાવત અને વિકસિત અને અવિકસિત રેન્જલેન્ડ વચ્ચેની વનસ્પતિ ઘુવડની ઘનતા પર ભારે ફાયદાકારક અથવા ખુબ જ નુકસાનકારક અસર કરી શકે છે. જો કે બરોઇંગ ઘુવડ અભ્યાસના ક્ષેત્રમાં વિકસ્યું હતું, તેમ છતાં અન્ય તમામ રેપ્ટર પ્રજાતિઓ કૃષિ દ્વારા નકારાત્મક અસર પામી હોવાનું જણાય છે. કૃષિ પદ્ધતિઓ વસવાટમાં ફેરફારનું કારણ બને છે, પરંતુ કૃષિ એ એકમાત્ર રસ્તો નથી કે જેમાં વસવાટોમાં ફેરફાર થાય.

ઘુવડ પર આવાસ પરિવર્તનની અસરો

માનવીય પરિવર્તન અને નિવાસસ્થાનનો વિનાશ ઘુવડ પર નોંધપાત્ર અસરોનું કારણ બને છે. વસવાટની ખોટ એ સમગ્ર વિશ્વમાં રેપ્ટર વસ્તીના ઘટાડાનું પ્રાથમિક પરિબળ છે. કૃષિ ઉપરાંત, લોગીંગ, શહેરીકરણ, મનોરંજન, ઉર્જા અને ખનિજ વિકાસ સમગ્ર યુનાઇટેડ સ્ટેટ્સમાં ઘુવડના રહેઠાણને બદલી રહ્યા છે. યુનાઇટેડ સ્ટેટ્સમાં લગભગ ૯૮ ટકા જેટલી ઉંચી-ઘાસ પ્રેરી ખેડવામાં આવી છે, જેમાં અડધી ભીની જમીનો ધોવાઈ ગઈ છે, ૯૦-૯૫ ટકા જેટલા જૂના-વિકસિત જંગલો કાપવામાં આવ્યા છે, અને એકંદરે વન આવરણ ૩૩ ટકા ઘટ્યું છે. ઘુવડની ઘણી પ્રજાતિઓએ બદલાયેલા રહેઠાણોની અસર અનુભવવાનું શરૂ કરી દીધું છે.

અમેરિકામાં શહેરીકરણ અને માનવસર્જિત માળખાના નિર્માણને કારણે ઘુવડના રહેઠાણમાં ફેરફાર થાય છે. શહેરી વિસ્તારોમાં વસ્તી ૨૫૦૦થી પણ વધુ છે. આશરે ૭૫ ટકા જેટલા અમેરિકનો શહેરી વિસ્તારોમાં રહે છે, અને બાકીના ૨૫ ટકા જેટલા ગ્રામીણ વિસ્તારોમાં રહે છે. આ ઘુવડની વસ્તી માટે ફાયદાકારક અથવા નુકસાનકારક પણ હોઈ શકે છે. ઘુવડોને શહેરીકરણથી ફાયદો થઈ શકે છે, કારણ કે તે લોકોને ઘટ્ટ વિસ્તારમાં ખસેડે છે અને તેમને ફેલાવાથી અટકાવે છે. શહેર નાના વિસ્તારમાં રહેઠાણને દૂર કરે છે, અને અન્ય વિસ્તારોને સીધી અસર થતા અટકાવે છે. શહેરીકરણ નુકસાનકારક પણ હોઈ શકે છે. રહેઠાણમાં ધરખમ ફેરફાર કરવાથી ઘુવડની મોટાભાગની પ્રજાતિઓ માટે તે અયોગ્ય બની શકે છે. કેટલીક પ્રજાતિઓ, જેમ કે સ્ક્રીચ ઘુવડ અને ગ્રેટ હોર્ન્ડ ઘુવડ, શહેરીકરણને વધુ પસંદ કરે છે, પરંતુ મોટાભાગની પ્રજાતિઓ તેનાથી નકારાત્મક રીતે પ્રભાવિત થાય છે.

ઘુવડની કેટલીક પ્રજાતિઓ નિવાસસ્થાન પસંદ કરવામાં નિષ્ણાત હોય છે. તેમની પાસે ચોક્કસ વસવાટની જરૂરિયાતો છે, જેમાં તેમને ટકી રહેવાની જરૂર છે. પિમા કાઉન્ટી, એરિઝોના ઉત્તરી પિગ્મી ઘુવડ (ગ્લાસીડિયમ ગ્નોમા) માટે નિવાસસ્થાન નિયુક્ત કરવાનું વિચારી રહી છે. જુલાઈ ૧૯૯૯માં પ્રકાશિત થયેલા એક લેખમાં બિલ્ડરો દ્વારા ચિંતા વ્યક્ત કરવામાં આવી હતી. ચિંતાની વાત એ છે કે કાઉન્ટીના માત્ર ૧૬ ટકા રહેવાસીઓ જ કરપાત્ર છે. પિગ્મી ઘુવડ માટે ૭૩,૧૦૦ એકર નિવાસસ્થાનને નિર્ણાયક તરીકે નિર્ધારિત કરવું અર્થતંત્ર માટે હાનિકારક હોઈ શકે છે. જો જમીન નિયુક્ત કરવામાં આવી હોય, તો ખાનગી જમીનમાલિકોને તેમની જમીન વિકસાવવા માટે ફેડરલ પરમિટની જરૂર પડશે.

આ ઉપરાંત, આવકની અને ખોટની ભરપાઈ કરવા માટે ટેક્સમાં વધારો કરવો પડે તેમ જણાય છે. આ પરિસ્થિતિમાં એવું ફળીભૂત થઇ શકે કે આ વિસ્તારમાં ઓછામાં ઓછા લોકો આવાસ કરી શકે. એક વ્યક્તિએ કહ્યું, "અમારે પૂછવું છે કે શું આપણે ઘુવડને લોકો સમક્ષ મૂકીએ છીએ?" સમગ્ર યુનાઇટેડ સ્ટેટ્સમાં આ એક વિવાદાસ્પદ સમસ્યા છે અને આવનારા કેટલાક સમય માટે તે અવિરતપણે ચાલુ રહેશે.

કેલિફોર્નિયાની સિલિકોન વેલીમાં બરોઇંગ ઘુવડના વિકાસને અસર થઈ રહી છે. કોમ્પ્યુટર ઉદ્યોગને કારણે આ વિસ્તારમાં જમીનની કિંમતો ઉંચી છે, તેથી વિકાસકર્તાઓ જ જમીન ખરીદવા અને વિકાસ કરવા માટે સક્ષમ છે. આ પ્રક્રિયા બરોઇંગ ઘુવડના રહેઠાણને બદલે છે. બરોઇંગ ઘુવડની ઘટતી વસ્તીને બચાવવા માટે શક્ય તેટલો વધુ વસવાટ જાળવવાનો પ્રયાસ કરવા માટે સમગ્ર પ્રદેશમાં એક સહિયારા ધોરણે પ્રયાસ કરવામાં આવી રહ્યો છે. ઉદાહરણ તરીકે, મિશન કોલેજે ઘુવડની કેટલીક જગ્યાઓને સાચવવાની યોજના અમલમાં મૂકી છે. તેઓએ કૃત્રિમ બખોલો સ્થાપિત કરી જેને ઘુવડ ખુબ જ પસંદ કરે છે. બરોઇંગ ઘુવડના નિવાસસ્થાનનું સંરક્ષણ કરવું મુશ્કેલ હોવા છતાં આ પ્રદેશ બરોઇંગ ઘુવડ અને તેમના રહેઠાણને બચાવવા માટેની યોજનાના અમલીકરણના વિકાસના તબક્કામાં છે.

ઘુવડને અસર કરતી સૌથી જાણીતી વસવાટમાં ફેરફાર એ લૉગિંગ (વૃક્ષોને થડમાંથી કાપવું) છે. ઘુવડની લગભગ દરેક જાતિઓ પર લૉગિંગની અસર અલગ અલગ હોય છે. ઝાડ કાપવાની પદ્ધતિ અસરનો પ્રકાર નક્કી કરી શકે છે. લૉગિંગમાં મુખ્યત્વે ચાર પ્રકારની પદ્ધતિઓ હોય છે: લણણી પદ્ધતિઓ, પસંદગીયુક્ત કટીંગ, શેલ્ટરવુડ કટિંગ, સીડ-ટ્રી કટિંગ અને ક્લિયર-કટીંગ. પસંદગીયુક્ત કટિંગ એ અસમાન-વૃદ્ધ જંગલમાં મધ્યવર્તી-વૃદ્ધ અથવા પરિપક્વ વૃક્ષોને દૂર કરવાનું છે. આ લણણી શૈલી ઘુવડ માટે ફાયદાકારક અને નુકસાનકારક બંને હોઈ શકે છે. એવાં ઘુવડ માટે તે ફાયદાકારક હોઈ શકે છે, જેઓ ગાઢ જંગલોને પસંદ કરતા નથી, અને જૂના અને મધ્ય-વૃદ્ધ બંને પ્રકારના જંગલોમાં રહી શકે છે. લણણીની આ શૈલી તમામ વૃક્ષોને દૂર કરતી નથી અને વિકસિત, આધેડ અને પુખ્ત વૃક્ષો સાથે અસમાન વયની સ્થિતિમાં જંગલ છોડી દે છે. તે ઘુવડ માટે હાનિકારક હોઈ શકે છે, જે વૃક્ષોના ચોક્કસ વય જૂથને પસંદ કરે છે. કેટલાક ઘુવડ, જેમ કે મહાન શિંગડાવાળા ઘુવડ, સામાન્યવાદી છે. તેઓ વિવિધ વસવાટોમાં રહેવા માટે સક્ષમ છે. સ્પોટેડ ઘુવડને તેમનું અસ્તિત્વ ટકાવી રાખવા માટે જૂના-વૃદ્ધિવાળા જંગલની જરૂર હોય છે.

શેલ્ટરવુડ કટીંગ એ લોગીંગનું બીજું સ્વરૂપ છે. લણણીની આ શૈલીમાં સામાન્ય રીતે બે કટીંગમાં પરિપક્વ વૃક્ષોને દૂર કરવાનો સમાવેશ થાય છે. મોટાભાગના પરિપક્વ વૃક્ષો પ્રથમ કાપમાં દૂર કરવામાં આવે છે, અને રોપાઓને આશ્રય આપવા માટે કેટલાક નાના વૃક્ષોને છોડી દેવામાં આવે છે. જ્યારે રોપાઓ સારી રીતે સ્થાપિત થાય છે, ત્યારે જ બાકીના વૃક્ષો કાપવામાં આવે છે. લૉગિંગની આ શૈલી ઘુવડ પર સખત અસર કરી શકે છે, જે પરિપક્વ અથવા જૂના વૃદ્ધિના જંગલને પસંદ કરે છે. આ લૉગિંગ શૈલીનો ફાયદો એ છે

કે તે બધા જૂના વૃક્ષોને એકસાથે દૂર કરતું નથી. તે સમયાંતરે દૂર કરવામાં આવે છે, જે ઘુવડને બદલાયેલા લેન્ડસ્કેપને વધુ સરળતાથી અનુકૂલિત થવા દેવા માટે ફાયદાકારક હોય છે.

સીડ-ટ્રી કટિંગમાં લગભગ તમામ વૃક્ષોને એક જ કટીંગમાં કાઢી નાખવાનો સમાવેશ થાય છે. રોપાઓ ઉત્પન્ન કરવા માટે થોડા શ્રેષ્ઠ વૃક્ષો બાકી રાખવામાં છે. કાપવાની આ શૈલી ઘુવડની તે જાતિઓ માટે ફાયદાકારક હોઈ શકે છે, જેને વિકસિત જંગલની જરૂર નથી. નવું જંગલ તેઓની માટે એક સમાન-વૃદ્ધ જંગલ છે. સ્પોટેડ ઘુવડ અને ગ્રેટ ગ્રે ઘુવડને મોટાભાગે આવા લોગીંગ પ્રેક્ટિસથી નુકસાન થઇ શકે છે.

ક્લિયર-કટીંગ વિસ્તારના તમામ વૃક્ષોને એક જ કટીંગમાં દૂર કરે છે. ક્લિયર-કટીંગની અનેક વિવિધતાઓ છે, જેમ કે સ્ટ્રીપ લોગીંગ અને આખા વૃક્ષની લણણી. કટીંગ પેચ, સ્ટ્રીપ અથવા આખા સ્ટેન્ડમાં હોઈ શકે છે. યુનાઇટેડ સ્ટેટ્સમાં વાર્ષિક લાકડાની લણણીના લગભગ ૬૬ ટકા ક્લિયર-કટીંગ દ્વારા પ્રાપ્ત થાય છે. ક્લિયર-કટીંગની પ્રથા ઘુવડ પર નકારાત્મક અસર કરે છે, જે માળો બાંધવા માટે ઝાડ પર આધાર રાખે છે. ક્લિયર-કટીંગ ફાયદાકારક પણ બની શકે છે. તે ઘાસચારાના નિવાસસ્થાન બનાવે છે. ગ્રેટ ગ્રે ઘુવડ જેવા ઘણા ઘુવડ જંગલના માર્જિન સાથે શિકાર કરવાનું પસંદ કરે છે, જે શિકારની દ્રશ્ય શોધ માટે ખુલ્લા વિસ્તારો પૂરા પાડે છે. વધુમાં, ક્લીયર-કટીંગ ઘુવડ માટે યોગ્ય રહેઠાણ બનાવી શકે છે, જે ઝાડ પર માળો બાંધતા નથી, જેમ કે બરોઇંગ આઉલ અને શોર્ટ-ઇયર આઉલ.

સ્પોટેડ ઘુવડ, ગ્રેટ ગ્રે ઘુવડ અને બાર્ડ ઘુવડ પરના અભ્યાસો ઘુવડની વસ્તી પર માનવસર્જિત બદલાયેલા રહેઠાણની અસરને સમજાવવા માટે નીચેના વિભાગમાં રજૂ કરવામાં આવ્યા છે. આ પ્રજાતિઓ તેમના પરની માહિતીની વિપુલતાને કારણે પસંદ કરવામાં આવી છે.

સ્પોટેડ ઘુવડ: નોર્ધન સ્પોટેડ ઘુવડ અમેરિકામાં લોગિંગ સાથે ચર્ચાનું પ્રતીક બની ગયું છે. એક અભ્યાસમાં સ્પોટેડ ઘુવડની ૯૮ ટકા જગ્યાઓ કાં તો જૂના-વૃદ્ધિવાળા જંગલો અથવા પરિપક્વ, અને જૂના વૃદ્ધિના જંગલોનું મિશ્રણ હતું. તેઓ બહુસ્તરવાળી કેનોપી (વૃક્ષની ઘટા) અને અસમાન-વૃદ્ધ જંગલોમાં રહેવાનું પણ પસંદ કરે છે. સ્પોટેડ ઘુવડ પોતાનો માળો બાંધતા નથી. તેઓ તૂટેલા ટ્રીટોપ્સ (વૃક્ષનો ઉપરનો ભાગ, ટોચ) અને તેનું પોલાણ જેવી કુદરતી જગ્યાઓનો ઉપયોગ કરે છે. સ્પોટેડ ઘુવડની સરેરાશ ઘરની શ્રેણી ૪૦૦ થી ૨૭૭૬ હેક્ટર સુધીની છે. મુખ્ય વસવાટમાં ફેરફાર જે સ્પોટેડ ઘુવડને અસર કરે છે, તે પશ્ચિમ યુનાઇટેડ સ્ટેટ્સમાં જૂના-વૃદ્ધિવાળા જંગલોની લૉગિંગ છે. સ્પોટેડ ઘુવડ માટેની ચિંતા ૧૯૭૦ના દાયકામાં ફરી શરૂ થઈ હતી, જ્યારે પેસિફિક નોર્થવેસ્ટમાં લોગિંગ અને તેના વસવાટની ચર્ચા વધી રહી હતી. કેટલાક અભ્યાસો એમ પણ દર્શાવે છે કે જૂના-વૃદ્ધિવાળા જંગલો નાબૂદ થવાથી અને નાના જંગલોના સ્થાને સ્પોટેડ ઘુવડની વસ્તીમાં ઘટાડો થયો છે. સમગ્ર ૨૦ મી સદીમાં ઘણા દાયકાઓ સુધી યુનાઇટેડ સ્ટેટ્સમાં લાકડાની સતત વધતી જતી જરૂરિયાતને કારણે પેસિફિક નોર્થવેસ્ટમાં ભારે લોગિંગ થયું

હતું. યુનાઇટેડ સ્ટેટ્સમાં મોટાભાગના જૂના-વૃદ્ધિવાળા જંગલો અદૃશ્ય થઈ ગયા છે, પરંતુ જે બાકી છે તે મોટાભાગના ઉત્તરપશ્ચિમમાં સ્થિત છે. એક સમયે ઉત્તરપશ્ચિમમાં ઉભા રહેલા જૂના-વિકસિત જંગલોમાંથી ૧૦ ટકાથી ઓછા હજુ પણ ઊભા છે. ઉત્તરપશ્ચિમમાં ઘણા લોકો રોજગાર માટે લૉગિંગ પર આધાર રાખે છે, તેથી તે સમજી શકાય તેવું છે કે સ્પોટેડ ઘુવડ માટે જૂના-વૃદ્ધિવાળા જંગલોની જાળવણીનો ઘણો વિરોધ છે.

ઘુવડના રહેઠાણની જાળવણી નોકરીઓ અને અર્થવ્યવસ્થા પર શું અસર કરી શકે છે તે અંગે કેટલીક ચિંતાઓ હોવા છતાં ઓરેગોનમાં અર્થતંત્ર હાલમાં ખુબ જ વધી રહ્યું છે. ૧૯૯૩માં પ્રમુખ ક્લિન્ટનની વન યોજનામાં લાકડાના વેપારના નિયમોને કારણે ઘણી નોકરીઓ ગુમાવવી પડી, પરંતુ તેમાં વ્યવસાયિક પુનઃપ્રશિક્ષણનો સમાવેશ થાય છે. સ્પોટેડ ઘુવડની ચિંતાનું એકમાત્ર કારણ ટિમ્બર હાર્વેસ્ટિંગ નથી. કેલિફોર્નિયા સ્પોટેડ ઘુવડ પણ સંવર્ધન અને ઘાસચારો માટે રહેઠાણ ગુમાવી રહ્યું છે. નવા રહેણાંક વિકાસ, આગ, મનોરંજક પ્રવૃત્તિઓ અને ઘુવડના નિવાસસ્થાનમાં સ્ટ્રીમ્સ (ઝરણું) માંથી પાણીનું "ખાણકામ" કેલિફોર્નિયા સ્પોટેડ ઘુવડની વસ્તીને અસર કરે છે. ઘુવડની આ પ્રજાતિ તેમની ઘટતી જતી સંખ્યાને કારણે યુનાઇટેડ સ્ટેટ્સમાં ચિંતાનો વિષય બની રહેશે.

ગ્રેટ ગ્રે ઘુવડ: ગ્રેટ ગ્રે ઘુવડ સમગ્ર પેસિફિક નોર્થવેસ્ટમાં પરિપક્વ અથવા જૂના વૃદ્ધિ પામેલા જંગલોને પસંદ કરે છે. તેઓ ત્યજી દેવાયેલા માળાઓમાં અથવા ઝાડના થડની ટોચ પર માળો બાંધે છે. ગ્રેટ ગ્રે ઘુવડની વસ્તી પર લૉગિંગની અસરો કાં તો ફાયદાકારક અથવા નુકસાનકારક હોઈ શકે છે. લૉગિંગની હદ, પ્રકાર અને સમય પર આધાર રાખીને તે જાતિઓ માટે કાં તો લાભ અથવા નુકસાનકારક હોઈ શકે છે. ઉત્તરપૂર્વીય ઓરેગોનમાં ઘુવડો તેમનો મોટાભાગનો સમય પસંદગીના લોગવાળા સ્ટેન્ડમાં ઘાસચારામાં વિતાવે છે, અને દક્ષિણપૂર્વીય ઇડાહોમાં ઘુવડ સ્પષ્ટ વિસ્તારોમાં ગોફર્સનો શિકાર કરે છે. માળો બાંધવા માટે વપરાતા મૃત વૃક્ષોની સંખ્યામાં ઘટાડો અને કિશોરો દ્વારા ઉપયોગમાં લેવાતા ગાઢ કેનોપી વૃક્ષો એ સમસ્યાઓ છે, જે ગ્રેટ ગ્રે ઘુવડ સાથે લોગિંગનું કારણ બને છે.

બાર્ડ ઘુવડ: બાર્ડ ઘુવડ મુખ્યત્વે પરિપક્વ જંગલો અને સ્વેમ્પ્સ (સરોવરો) માં રહે છે. તેઓ વૃક્ષોના પોલાણમાં માળો બાંધે છે, પરંતુ ક્યારેક ત્યજી દેવાયેલા માળાઓનો પણ ઉપયોગ કરે છે. પરિપક્વ અને જૂના વૃદ્ધિ પામેલા જંગલોનું લોગિંગ એ પ્રાથમિક વસવાટમાં ફેરફાર છે, જે આ પ્રજાતિઓને અસર કરે છે. કનેક્ટિકટ અને ન્યુ હેમ્પશાયરમાં બાર્ડ ઘુવડ વિકસિત વિસ્તારોને ટાળે છે. જો કે, એવા પણ પુરાવા છે કે બાર્ડ ઘુવડ અન્ય ઘુવડ કરતાં વધુ સરળતાથી માનવ વિકાસને ટકાવી રાખવામાં સક્ષમ છે. ઘુવડની અન્ય ઘણી પ્રજાતિઓ હોવા છતાં આ વસવાટમાં ફેરફાર અને વિનાશને કારણે થતી કેટલીક અસરોનો નમૂનો છે.

ઘુવડને કાનૂની રક્ષણ

ઘુવડ પર માનવીઓ દ્વારા જે ફાયદાકારક અસર પડે છે તેમાંથી એક કાનૂની રક્ષણ છે. યુનાઇટેડ સ્ટેટ્સમાં ઘુવડ સહિતના શિકારના તમામ પક્ષીઓને નુકસાન પહોંચાડવા

માટે ગંભીર દંડ છે. કાયદાએ જનજાગૃતિ વધારવા અને ગોળીબાર, ઝેર અને રહેઠાણના વિનાશને ઘટાડવામાં મદદ કરી છે. પ્રારંભિક કાયદો, ૧૯૧૮નો સ્થળાંતરિત પક્ષી સંધિ અધિનિયમ, તમામ રેપ્ટર્સને મારવા પર પ્રતિબંધ મૂકતો હતો. જો કે આ અધિનિયમ વિશે લોકોને સભાન થવામાં ઘણા વર્ષો લાગ્યા, પરંતુ સમગ્ર યુનાઇટેડ સ્ટેટ્સમાં ઘુવડ અને અન્ય રેપ્ટર્સ પર તેની સકારાત્મક અસર પડી છે. ૧૯૭૩માં યુનાઇટેડ સ્ટેટ્સ કોંગ્રેસે લુપ્તપ્રાય પ્રજાતિ અધિનિયમને મંજૂરી આપી. આ કાયદો યુનાઇટેડ સ્ટેટ્સમાં કોઈપણ ભયંકર અથવા જોખમી પ્રજાતિઓના કબજાને પ્રતિબંધિત કરે છે. આમાં માત્ર સમગ્ર યુનાઇટેડ સ્ટેટ્સમાં જોવા મળતી પ્રજાતિઓ જ નથી, પરંતુ વિશ્વભરમાં જોવા મળતી પ્રજાતિઓનો પણ સમાવેશ થાય છે. ડીડીટી પર પ્રતિબંધ એ કાયદાનો એક અત્યંત મહત્વપૂર્ણ ભાગ હતો. દ્વિતીય વિશ્વયુદ્ધ દરમિયાન તેનો ઉપયોગ શરૂ થયો ત્યારથી આ રસાયણની અસર સમગ્ર યુનાઇટેડ સ્ટેટ્સમાં રાપ્ટર પ્રજાતિઓના પ્રજનન પર પડી છે. આ ફેડરલ કાયદા વિના સમગ્ર રાષ્ટ્રમાં ઘુવડની વસ્તી વધુ નકારાત્મક રીતે પ્રભાવિત થશે. ઘુવડને રહેઠાણમાં ફેરફાર, ઝેર અને અન્ય નકારાત્મક માનવ અસરોથી બચાવવા માટે વધુ કાયદાની જરૂર છે.

માણસો ઘુવડને ઘણી રીતે અસર કરે છે. કેટલીક અસરો ફાયદાકારક હોય છે જ્યારે અન્ય હાનિકારક હોય છે. કેટલીક અસરો માત્ર અમુક વ્યક્તિગત ઘુવડોને જ અસર કરે છે, જ્યારે અન્ય કોઈ ચોક્કસ ભૌગોલિક પ્રદેશની સમગ્ર વસ્તીને અસર કરી શકે છે. તેમને ઘટાડવા અથવા નાબૂદ કરવાનો માર્ગ શોધવા માટે વૈજ્ઞાનિકો હાનિકારક અસરોને સંબોધિત કરી રહ્યા છે. એકંદરે, યુનાઇટેડ સ્ટેટ્સમાં ઘુવડની સ્થિતિ તેના બદલે સ્થિર છે. મોટાભાગના ઘુવડ સંખ્યાઓમાં સ્થિર રહે છે, જ્યારે સ્પોટેડ ઘુવડ જેવી પસંદગીની પ્રજાતિઓ સંખ્યામાં ઘટાડો કરી રહી છે. ભવિષ્યમાં ઘુવડ માટેનો દૃષ્ટિકોણ તેજસ્વી છે. હવે જ્યારે યુનાઇટેડ સ્ટેટ્સની વસ્તી પર્યાવરણીય સમસ્યાઓના સંપર્કમાં આવી રહી છે, ત્યારે સામાન્ય વસ્તી મોટે ભાગે તેમના કુદરતી સંસાધનો અને તેમાં રહેતી પ્રજાતિઓ ઘુવડનું રક્ષણ કરવા માંગશે. રેપ્ટર બાયોલોજીનો મોટાભાગનો અભ્યાસ અને રેપ્ટર્સ પર માનવીય અસરો એ સંશોધનનું એકદમ નવું ક્ષેત્ર છે. તે સંભવ છે કે ઘુવડ અને અન્ય રાપ્ટર પ્રજાતિઓ પર માનવીઓની અસર ખૂબ જ ચિંતાનો વિષય બની રહેશે. માણસો ઘુવડના રહેઠાણને સતત બદલી રહ્યા છે. સતત વસ્તી વૃદ્ધિ અને વિકાસ સાથે ઘુવડ જોખમમાં રહેશે. ઘુવડની સ્થિર વસ્તી જાળવવા માટે ઘુવડને મનુષ્યોની અસરોથી બચાવવા માટે સતત સંશોધનની જરૂર છે.

પર્યાવરણીય સૂચકો તરીકે ઘુવડ

ચીનમાં ઘુવડ ગર્જના અને ઉનાળાના અયન સાથે સંકળાયેલા છે. અન્યત્ર, જૂના જંગલો સાથે સંકળાયેલા ઘુવડોને તાજેતરમાં આધુનિક કુદરતી સંસાધન વ્યવસ્થાપન એજન્સીઓ દ્વારા આવા વાતાવરણના સ્વાસ્થ્ય અને ભાવિના પૂર્વાનુમાન તરીકે જોવામાં આવ્યા છે. યુએસડીએ ફોરેસ્ટ સર્વિસ જેવી એજન્સીઓ દ્વારા આ ઘુવડોને મેનેજમેન્ટ સૂચક પ્રજાતિઓ કહેવામાં આવે છે, જેમણે ઉત્તર-પશ્ચિમ યુનાઇટેડ સ્ટેટ્સના જૂના-વૃદ્ધિ શંકુદ્રુપ

જંગલોના આવા સૂચક તરીકે ઉત્તરી સ્પોટેડ ઘુવડ (સ્ટ્રિક્સ ઓક્સિડેન્ટાલિસ કૌરિના) ને ઓળખી કાઢ્યા છે.

તેમ છતાં, સ્પોટેડ ઘુવડમાં અન્ય પિતરાઈ ભાઈઓ પણ છે, જેનો ઉપયોગ વિશ્વના અદ્રશ્ય થઈ રહેલા પ્રાચીન જંગલોના સ્વાસ્થ્યને સૂચવવા માટે કરવામાં આવ્યો છે અથવા થઈ શકે છે. ઉદાહરણ તરીકે, બૃહદ ભારતીય ઉપખંડમાં બ્રાઉન વુડ ઘુવડ (સ્ટ્રિક્સ લેપ્ટોગ્રામિકા), જે તે જ રીતે શાલ (શોરિયા રોબસ્ટા) ના મોટાભાગે જૂના અને ઓછા વિક્ષેપિત જંગલોમાં વસે છે. હિમાલયમાં બે ઘુવડ (ફ્રોડિલસ બેડિયસ) રહે છે, જે એક દુર્લભ નિવાસી છે, અને દેવદાર અને અન્ય કોનિફરના ગાઢ સદાબહાર સબમોન્ટેન જંગલોનું સૂચક છે. રશિયન ફાર ઇસ્ટમાં લુપ્તપ્રાય બ્લેકિસ્ટનની માછલી ઘુવડ (કેતુપા બ્લાકિસ્ટોની) પણ આ કાર્ય કરે છે, જે ફક્ત દક્ષિણ સાઇબેરીયન ઉસુરીલેન્ડમાં જૂના ફિર, લાર્ચ, પાઈન અને હાર્ડવુડ્સના વધુને વધુ દુર્લભ ગાઢ નદીના જંગલોમાં ઓછા પથરાયેલા જોવા મળે છે. સમગ્ર વિશ્વમાં ઘુવડની ૮૨ પ્રજાતિઓ જૂના જંગલો સાથે નજીકથી સંકળાયેલી છે, જે જૂના-જંગલની પરિસ્થિતિઓના ઉપયોગી સૂચક તરીકે માન્યતાની સૌથી વધુ રાહ જોઈ રહી છે.

સહિષ્ણુ સંરક્ષણ તરફ

યુરોપ અને અમેરિકામાં ઘુવડની પૌરાણિક કથાઓ આભાસી રીતે સંપૂર્ણ ચર્ચામાં આવી છે. વિશ્વના સૌથી ખરાબ પક્ષીમાંથી ઘુવડ લગભગ સૌથી લોકપ્રિય બની ગયું છે. વધુમાં, જૂની પૌરાણિક કથાઓ ઘુવડના સંરક્ષણને ખરેખર સરળ બનાવે છે. જૂના ખરાબ સમાચાર એ સમકાલીન પ્રેક્ષકો માટે ઘુવડને આકર્ષક બનાવવાનો એક માર્ગ બની ગયો છે.

ઘુવડની પ્રતિકૃતિમાં આ રૂપાંતરનું હજુ સુધી સંપૂર્ણ સંશોધન કરવાનું બાકી છે, પરંતુ આપણે કેટલીક પ્રારંભિક સરખામણીઓ આપી શકીએ છીએ. સૌપ્રથમ, યુરોપીયન અને અમેરિકન ઘુવડની દંતકથાઓને સમજવાથી અમને સમકાલીન આફ્રિકન અને એશિયન વલણોને વધુ સારી રીતે સમજવા અથવા અર્થઘટન કરવામાં મદદ મળી શકે છે. તે આજના મૂળ અમેરિકનો અને કેનેડિયનો, આદિવાસી દક્ષિણ અમેરિકનો અને અન્ય પ્રથમ રાષ્ટ્રોમાં ઘુવડના નિષેધને સમજવામાં પણ મદદ કરી શકે છે. બીજું, જો ઘુવડની પૌરાણિક કથાઓ પશ્ચિમમાં આટલી નાટકીય રીતે વિકસિત થઈ હોય, તો કદાચ તેઓ વિશ્વના અન્ય ભાગોમાં, જેમ કે આફ્રિકા અને એશિયામાં ઘુવડની પૌરાણિક કથાઓ કેવી રીતે રૂપાંતરિત થઈ શકે છે તેની સમજ આપે છે. ત્રીજે સ્થાને, આધુનિક આફ્રિકા અને સંભવતઃ દક્ષિણ અમેરિકા અને એશિયામાં ઘુવડની પૌરાણિક કથાઓના દાખલાઓને સમજીને આપણે આપણા પોતાના સાંસ્કૃતિક ભૂતકાળને વધુ સારી રીતે સમજી શકીશું.

એકંદરે, સમકાલીન સંરક્ષણ સમુદાયે વિશ્વના ઓછા વિકસિત ભાગોમાં ઘુવડની ઊંડી નકારાત્મક છબીને પકડી નથી. વાસ્તવમાં, સામાન્ય રીતે સંરક્ષણવાદીઓ પક્ષીઓ અથવા અન્ય વન્યજીવન વિશે મોટે ભાગે અથવા ફક્ત તેમની પોતાની પશ્ચિમી ઇકોલોજીકલ-સાયન્સ-આધારિત અને સંરક્ષણલક્ષી સિસ્ટમના સંદર્ભમાં વિચારવાનું

વલણ ધરાવે છે. પક્ષીઓ વિશેની અન્ય માન્યતાઓની કદર કરવામાં નિષ્ફળ રહીને તેઓ વાસ્તવમાં પોતાને ગેરલાભમાં મૂકી રહ્યા છે. ધુવડના કિસ્સામાં આ ખાસ કરીને નોંધપાત્ર છે, કારણ કે ધુવડની માન્યતાઓની જબરજસ્ત પ્રકૃતિ એ છે કે જાનવર દુષ્ટ છે. પશ્ચિમી સંસ્કૃતિઓમાં પણ ૧૯૫૦ના દાયકા સુધી ધુવડને ફ્રાન્સ અને યુ.કે.માં વીજળી અને ખરાબ નજરથી બચવા માટે કોઠારના દરવાજા પર નિયમિત રીતે રાખવામાં આવતા હતા. ગ્રામીણ બ્રિટનના ભાગોમાં આ પ્રથાઓ આજે પણ ચાલુ હોવાના પુરાવા છે.

પૌરાણિક કથાઓ અને સંસ્કૃતિમાં ધુવડના ઐતિહાસિક દૃષ્ટિકોણને સમજવું એટલું જ મહત્વનું નથી, પરંતુ તે પણ મહત્વપૂર્ણ છે કે કેવી રીતે આવા મંતવ્યો સમયની સાથે વર્તમાનમાં બદલાયા છે, અને માનવ સંસ્કૃતિઓ ખસેડવાની સાથે ભૌગોલિક રીતે પ્રવાસ કરે છે. પક્ષી લોકસાહિત્યની મુખ્ય સમસ્યા એ છે કે કેટલાક ગ્રંથો જે કહે છે તેના સત્યના કોઈપણ વિવેચનાત્મક વિશ્લેષણ વિના સમાન વિચારોનું પુનરાવર્તન કરે છે. ધુવડ વિશેના આમાંના મોટાભાગના વિચારો સંભવતઃ પ્રારંભિક આધુનિક સમયગાળાનો સંદર્ભ આપે છે, અને લગભગ ચોક્કસપણે ૧૯ મી સદીના અંતથી ૨૦મી સદીના પ્રારંભમાં એકત્ર થયા હતા. હવે તેમાંના ઘણાખરા વિચારો લોકોના સાંસ્કૃતિક વિકાસ પર આધાર રાખીને સંપૂર્ણપણે નાશ પામ્યા છે. ઉદાહરણ તરીકે, "ધ આઇનુ એન્ડ ધેર ફોકલોર", ૧૯મી સદીના અંતમાં આ ઉત્તરીય જાપાની સમુદાયની પ્રાણીઓ, ખાસ કરીને ધુવડ, વિશેની માન્યતાઓનું વિશ્લેષણ કરે છે. આ જૂના સાંસ્કૃતિક વિચારોને કેટલીકવાર હજુ પણ એવી રીતે માનવામાં આવે છે જાણે કે તેઓ જીવંત પરંપરાઓ હોય. જ્યારે હકીકતમાં આધુનિક આઈનુ તેમના પૂર્વજોની ધુવડની માન્યતાઓને જૂની પત્નીઓની વાર્તાઓ કરતાં માને છે, જે તેમના પોતાના રંગીન પરંતુ વિચિત્ર ભૂતકાળનો એક ભાગ છે. તેથી આપણે જીવંતને પ્રાચીનકાળથી દૂર કરવાનો પ્રયાસ કરવો જોઈએ. જો કે, આફ્રિકામાં ધુવડ વિશે ઊંડો નિષેધ છે. ત્યાં હજુ પણ ધુવડ વિશેની શક્તિશાળી અને જીવંત પરંપરાઓ વલણમાં છે. વાસ્તવમાં પશ્ચિમ આફ્રિકામાં ધુવડની માન્યતાઓની પેટર્ન કદાચ મધ્યયુગીન યુગ સુધી યુરોપિયન વલણને પ્રતિબિંબિત કરે છે.

ઉંદર નિયંત્રણ

ઉંદરોની વસ્તીને નિયંત્રિત કરવા માટે કુદરતી શિકારીઓને પ્રોત્સાહિત કરવું એ જંતુનિયંત્રણનું કુદરતી સ્વરૂપ છે, જેમાં ઉંદરો માટેના ખોરાકના સ્ત્રોતોને બાકાત રાખવામાં આવે છે. મકાન પર ધુવડ માટે માળો મૂકવાથી ઉંદરોની વસ્તીને નિયંત્રિત કરવામાં મદદ મળી શકે છે (ભૂખ્યા કોઠાર ધુવડનું એક કુટુંબ માળાની મોસમમાં ૩૦૦૦ થી વધુ ઉંદરોનો ઉપયોગ કરી શકે છે), જે કુદરતી રીતે સંતુલિત ખાદ્યસાંકળ જાળવી રાખે છે.

માનવીઓ પર હુમલા

જો કે મનુષ્ય અને ધુવડ અવારનવાર સુમેળપૂર્વક સાથે રહેતા હોય છે, પરંતુ ધુવડોએ મનુષ્યો પર હુમલો કર્યો હોય તેવી ઘટનાઓ પણ બની છે. ઉદાહરણ તરીકે, જાન્યુઆરી ૨૦૧૩ માં ઇનવરનેસ, સ્કોટલેન્ડના એક માણસને ભારે રક્તસ્ત્રાવ થયો હતો અને ધુવડ દ્વારા હુમલો કરવામાં આવતાં તે આઘાતમાં સરી પડ્યો હતો, જે સંભવિતપણે ૫૦

સેન્ટીમીટર ઊંચુ (૨૦ ઇંચ) ગરુડ ઘુવડ હતું. ફોટોગ્રાફર એરિક હોસ્કિંગે એક તરંગી ઘુવડનો ફોટો પાડવાનો પ્રયાસ કર્યા પછી તેની ડાબી આંખ ગુમાવી દીધી હતી. આ ઘટનાએ ૧૯૭૦માં તેને પોતાની આત્મકથા 'એન આઈ ફોર અ બર્ડ' નું શીર્ષક લખવા પ્રેરિત કર્યો હતો.

8

સંરક્ષણ મુદ્દાઓ

તમામ ઘુવડ આંતરરાષ્ટ્રીય CITES (જંગલી પ્રાણીસૃષ્ટિ અને વનસ્પતિની લુપ્તપ્રાય પ્રજાતિમાં ગેરકાયદેસર વેપાર પરનું સંમેલન) સંધિના પરિશિષ્ટ II માં સૂચિબદ્ધ છે. ઘુવડનો લાંબા સમયથી શિકાર કરવામાં આવતો હોવા છતાં, મલેશિયાની ૨૦૦૮ની એક સમાચાર વાર્તા સૂચવે છે કે ઘુવડના શિકારની તીવ્રતા વધી રહી છે. નવેમ્બર ૨૦૦૮માં TRAFFIC એ પેનિન્સ્યુલર મલેશિયામાં ૯૦૦ ઉપાડેલા અને "ઓવન-રેડી" ઘુવડ જપ્ત કર્યાની જાણ કરી હતી. TRAFFIC ના દક્ષિણપૂર્વ એશિયા કાર્યાલયના વરિષ્ઠ પ્રોગ્રામ ઓફિસર ક્રિસ શેફર્ડના જણાવ્યા અનુસાર "મલેશિયામાં 'તૈયાર' ઘુવડ ક્યાંથી જપ્ત કરવામાં આવ્યા છે, તે વિશે આપણે પહેલીવાર જાણીએ છીએ, અને તે જંગલી માંસમાં નવા વલણની શરૂઆત કરી શકે છે. અમે તેઓના વિકાસ અને સંરક્ષણની નજીકથી દેખરેખ રાખીશું". TRAFFIC એ મલેશિયાના વન્યજીવન અને રાષ્ટ્રીય ઉદ્યાન વિભાગની દરોડા માટે પ્રશંસા કરી હતી, જેણે ઘુવડના વિશાળ રેકેટનો પર્દાફાશ કર્યો હતો. જપ્તીમાં મૃત અને ઉપાડેલા બાર્ન ઘુવડ, સ્પોટેડ વુડ ઘુવડ, ક્રેસ્ટેડ સર્પન્ટ ઇગલ્સ, બાર્ડ ઇગલ્સ અને બ્રાઉન વુડ ઘુવડ તેમજ ૭,૦૦૦ જીવંત સરીસૃપોનો સમાવેશ થાય છે.

નિષ્કર્ષ

આપણે સૌ ઘુવડને ફરી એકવાર આપણી વિશ્વભરની આધુનિક સંસ્કૃતિઓમાં સમાવીને અને પર્યાવરણમાં તેઓની અહમ ભૂમિકાઓને સમજીને, આપણા જ વાતાવરણના નિવાસીઓ તરીકે તેમની કાયદેસરતાને સ્વીકારીને તેઓને ફરીથી એક નવજીવન પ્રદાન કરી શકીએ છીએ. ઘુવડોએ મનોરંજન, સૌંદર્ય શાસ્ત્ર, કલા, વિજ્ઞાન, વિદ્યા, રાજકીય શક્તિ, નીતિશાસ્ત્ર અને મૃત્યુના અદ્ભુત અને અદભૂત પ્રતીકો તરીકે ખુબ સેવાઓ આપી છે. ઘુવડના કિસ્સામાં, તેમના દ્વારા પેદા કરાયેલા ભય અને ચિંતાઓ, અને તેઓ જે ભવિષ્યવાણીની સ્થિતિ ધરાવે છે, અને હજુ પણ કેટલીક સંસ્કૃતિઓમાં ધરાવે છે, પર્યાવરણવાદીઓ એક એવા પરિમાણ સાથે તેને પ્રસ્તુત કરે છે કે જેની સાથે વિશાળ પ્રેક્ષકોની રુચિ અને સહાનુભૂતિને સંલગ્ન કરી શકાય. ઘુવડને સંપૂર્ણ સાંસ્કૃતિક વર્તુળમાં આમંત્રિત કરીને, આપણે તમામ સમાજો અને વયની વધુ સહિષ્ણુ સમજ બનાવી શકીએ છીએ અને માનવીય પ્રયાસોની વ્યાપક ભૂમિકામાં વન્યજીવન સંરક્ષણનો સમાવેશ કરી શકીએ છીએ.

ગ્રંથસૂચિ

Ali, S. (1987) *Indian Hill Birds*. Oxford University Press, Bombay, India. 188 pp.

Ali, S., S.D. Ripley (1987) *Compact Handbook of The Birds of India and Pakistan*. Oxford University Press, Bombay, India. 816 pp.

Allen, G.T. (1990) A review of Bird Deaths on Barbed-Wire Fences. *Wilson Bulletin*. 102: 553-58.

Alvarenga, H.M.F., Höfling, E. (2003) Systematic revision of the Phorusrhacidae (Aves: Ralliformes). *Papéis Avulsos de Zoologia*. 43 (4): 55-91.

Anonymous (1987) *Dictionary of Native American Art Symbols*. Rock Art Research Education.

Arkinstall, R. (1994) Pesticide implicated in owl decline. *Alternatives*. 20 (3): 9.

Armstrong, E.A. (1958) *The Folklore of Birds*. Collins, London.

Austin, O.L. (1948) The Birds of Korea. *Bulletin of the Museum of Comparative Zoology of Harvard College*. 101:1-301.

Bachmann, T., Klän, S., Baughmgartner, W., Klaas, M., Schröder, W., Wagner H. (2007) Morphometric characterisation of wing feathers of the barn owl *Tyto alba pratincola* and the pigeon *Columba livia*. *Frontiers in Zoology*. 4: 23.

Batchelor, J. (1901) *The Ainu and their Folklore*. Religious Tract Society, London, U.K.

Beck, T.W., Gould Jr., Gordon, I. (1992) *Background and the Current Management Situation for the California Spotted Owl*. In: Verner, Jared, McKelvey, Kevin S., Noon, Barry R., Gutierrez, R.J., Gould, Gordon I., Beck, Thomas W. [Technical Coordinators]. *The California Spotted Owl: A Technical Assessment of its Current Status*. General Technical Report PSW-GTR-133. Albany, CA: Pacific Southwest Research Station, Forest Service, U.S. Department of Agriculture. Pp. 37-51, 60-1, 95-6.

Big Owl (Owl-Man) A Malevolent Apache Monster. Native-languages.org.

Blakiston's Fish Owl Project (2013) Fishowls.com

Bourke, J.G. (1958) *An Apache Campaign in the Sierra Madre*. Charles Scribner's Sons, New York, N.Y.

Browne, V. (1995) Animal Lore & Legend: Owl. Scholastic.

Campbell, W. (1994) Know Your Owls. Axia Wildlife.

Carbofuran. In Extension Toxicology Network Pesticide Information Profiles.
http://ace.orst.edu/info/extoxnet/pips/carbofur.htm Revised 1996.

Cenzato, E., Samtopitro, F. (1990) (English Translation Copy 1991). *Owls: Art Legend History*. Bullfinch Press, Littlebrown & Co., London and Canada.

Chopra, P. (2017) *Vishnu's Mount: Birds in Indian Mythology and Folklore*. Notion Press. p. 109. ISBN 978-1-948352-69-7

Cline, W. (1938) Religion and World View. In: The Sinkaietk or Southern Okanagon of Washington. General Series In Anthropology 6, Menasha, Wisconsin.

Cocker, M. (2000) African birds in traditional magico-medicinal use - A preliminary survey. *Bulletin of the African Bird Club*. 7 (1): 60-66.

Colvin, B.A. (1985) Common Barn-Owl Population Decline in Ohio and the Relationship to Agricultural Trends. *Journal of Field Ornithology*. 56 (3): 224-235.

Cuando el tecolote canta, el indio muere (2008) La Cronica

Deacy, S., Villing, A. (2001) *Athena in the Classical World*. Koninklijke Brill NV, Leiden. The Netherlands. ISBN 9004121420

Devine, A., Smith, D.G. (1985) Eastern Screech Owl (*Otus asio*) Mortality in Southern Connecticut. *Connecticut Warbler*. 5: 47-48.

Dubow, C. (2004) Hangover Cures. Forbes.

Dyson, M.L., Klump, G.M., Gauger, B. (1998) Absolute hearing thresholds and critical masking ratios in the European barn owl: A comparison with other owls. *Journal of Comparative Physiology*. 182 (5): 695-702.

Enriquez, P.L., Mikkola, H. (1997) Comparative study of general public owl knowledge in Costa Rica, Central America and Malawi, Africa. Pp. 160-166 In: J.R. Duncan, D.H. Johnson, T.H. Nicholls, Eds. *Biology and Conservation of Owls of the Northern Hemisphere*. General Technical Report NC-190, USDA Forest Service, St. Paul, Minnesota. 635 pp.

Eurasian Eagle Owl – *Bubo bubo* – Information, Pictures, Sounds. Owlpages.com

Eurasian Eagle Owl (2013) Oiseaux-birds.com.

Fienup-Riordan, A. (1996) *The Living Tradition of Yup'ik Masks*. University of Washington Press, Seattle. 320 pp.

Fitzner, R.E. (1975) Owl Mortality on Fences and Utility Lines. *Raptor Research*. 9: 55-57.

Fleay, D. 1968. *Night Watchman of the Bush and Plain: Australian Owls and Owl-like Birds*. Jacaranda Press.

Flood, J. (1997) *Rock Art of the Dreamtime*. Harper Collins Publishers, Sydney, Australia. 372 pp.

Forsman, E.D., Meslow, E. Charles, W., Howard, M. (1984) Distribution and Biology of the Spotted Owl in Oregon. *The Journal of Wildlife Management*. 48 (Suppl. 87): 1-64.

Galeotti, P., Diego, R. (2007) Head ornaments in owls: what are their functions? *Journal of Avian Biology*. 38 (6): 731-736.

Gimbutas, M. (2001) *The Living Goddesses*. University of California Press, p. 158. ISBN 0520927095

Glick, D. (1995) *Having Owls and Jobs Too*. National Wildlife. National Wildlife Federation. Pp. 8-13.

Glory of the Morning, Hocąk Encyclopedia.

Gore, M.E.J., Won, P. (1971) *The Birds of Korea*. Royal Asiatic Society, Korea Branch, Seoul, Korea.

Gup, T. (1990) *Owl vs. Man*. Time Magazine. Pp. 56+. 25 June 1990.

Gutierrez, R.J., Franklin, A.B., Lahaye, W.S. (1995) Spotted Owl (*Strix occidentalis*). In: Poole, A., Gill, F. [Eds.]. *The Birds of North America*. No.179. Philadelphia : The Academy of Natural Sciences , Washington, D.C. : The American Ornithologists' Union.

Haaramo, M. (2006) Mikko's Phylogeny Archive: Caprimulgiformes – Nightjars. Mortimer, Michael (2004) The Theropod Database: Phylogeny of taxa.

Harrison, C., Greensmith, A. (1995) Koko maailman linnut (in Finnish). Translated by Laine, Lasse J., Nikander, Pekka. Helsinki Media. p. 198. (ISBN: 951-875-637-6)

Haug, E.A., Millsap, B.A., Martell, M.S. (1993) Burrowing Owl (*Speotyto cunicularia*). In: Poole, A., Gill, F. [Eds.]. *The Birds of North America*. No.61. Philadelphia : The Academy of Natural Sciences , Washington, D.C. : The American Ornithologists' Union.

Hegdal, P.L, Colvin, B.A. (1988) Potential Hazard to Eastern Screech-Owls and Other Raptors of Brodifacoum Bait Used For Vole Control in Orchards. *Environmental Toxicology and Chemistry*. 7: 245-260.

Henny, C.J., Blus, L.J., Hoffman, D.J., Grove, R.A. (1994) Lead in Hawks, Falcons and Owls Downstream from a Mining Site on the Coeur d'Alene

River, Idaho. *Environmental Monitoring and Assessment*. 29: 267-288.

Hill, E.F, Mendenhall, V.M. (1980) Secondary Poisoning of Barn Owls with Famphur, an Organophosphate Insecticide. *Journal of Wildlife Management*. 44: 676-81.

Hiren, S., J. Joshua and J. Pankaj (2003) Nest of Ashy Crown Finch Lark (*Eremopteryx grisea* Ticeh.) (Scopoli) in Bhachau Taluka, Kachchh District, Gujarat. *Newsletter for Birdwatchers*. 43 (1): 13. (ISSN: 0028-9426)

Holmes, B.. (1998) City Planning for Owls. *National Wildlife*. 36 (6): 46.

Holmgren, V.C. (1988) *Owls in Folklore and Natural History*. Capra Press, Santa Barbara, CA. 175 pp.

Hughes, A. (1979) A schematic eye for the rat. *Vision Res*. 19 (5): 569-588.

Ian, H. (2007) Ask an expert: Are barn owl feathers waterproof? RSPB.

Ingersoll, E. (1923) (Reprinted 1958) *Birds in Legend, Fable and Folklore*. Longmans, Green and Co., London.

International Science & Engineering Visualization Challenge: Posters & Graphics 2013) *Science*. 339 (6119): 514-515. doi:10.1126/science.339.6119.514.

Johnsgard, P.A. (1988) *North American Owls: Biology and Natural History*. Smithsonian Institute Press, Washington.

Joshi, P.N. and **H.B. Soni** (2019) Biodiversity Conservation by Local Communities of Kutch, Gujarat, India. *India Wilds Newsletter*. 11 (3): 8-13. (ISSN: 2394-6946)

Joshua, J. and **H.B. Soni** (2005) Occurrence of Franklin's or Allied or Savanna Nightjar (*Caprimulgus affinis*) in Bhuj Taluka, Kachchh District, Gujarat. *Newsletter for Birdwatchers*. 45 (4): 61. (ISSN: 0028-9426)

Joshua, J., **H. Soni**, N.M. Joshi, P.N. Joshi and O. Deiva (2005) Occurrence of Grey-headed Canary Flycatcher (*Culicicapa ceylonensis*) in Jamnagar District, Gujarat, India. *Journal of Bombay Natural History Society*. 102 (3): 340-341. (ISSN: 0006-6982)

Joshua, J., **H. Soni**, N.M. Joshi, P.N. Joshi and S.V.S. Rao (2005) Sighting of Common or Collared Sand Martin (*Riparia riparia*) and Plain or Indian Sand Martin (*Riparia paludicola*) in Banaskantha District, North Gujarat, India. *Journal of Bombay Natural History Society*. 102 (2): 233. (ISSN: 0006-6982)

Joshua, J., **H.B. Soni**, N.M. Joshi and P.N. Joshi (2005) Sighting of Fieldfare (*Turdus pilaris*) in Firozpura of Banaskantha District, North Gujarat, India. *Newsletter for Birdwatchers*. 45 (4): 59. (ISSN: 0028-9426)

Joshua, J., S.F.W. Sunderraj, V. Gokula and **H.B. Soni** (2008) Status and Conservation of Some Threatened Faunal Biodiversity of Arid Kachchh. In: *Forest Biodiversity* (Vol. I) (Eds. K. Muthuchelian, S. Kannaiyan and A. Gopalam), Associated Publishing Company, New Delhi. 272 pp. (ISBN: 81-85211-76-0)

Juvonen, A., Muukkonen, T., Peltomäki, J., Varesvuo, M. (2009) Linnut vauhdissa (in Finnish). Tammi. p. 178, 187. ISBN 978-951-31-4604-7

Keats, J. (1884) Hyperion in 'The Poetical Works of John Keats'. Bartleby.com

Keyser, J.D., Pedersen, C., Bettis, G.M., Poetschat, G., Hiczun, H. (1998) OWL CAVE. Oregon Archaeological Society Publication No. 11. Portland, Oregon. 116 pp.

Knowling, P. (1998) *A Wisdom of Owls*. Avenue Press.

Kochert, M.N, Millsap, B.A, Steenhof, K. (1988) *Effects of Livestock Grazing on Raptors with Emphasis on the Southwestern U.S.* 1988. In: Glinski, R.L, Pendleton, B.G, Moss, M.B, Lefranc Jr, M.N., Millsap, B.A., Hoffman, S.W. [Eds]. *Proceedings of the Southwest Raptor Management Symposium and Workshop*. 21-24 May 1986, University of Arizona, Tucson. National Wildlife Federation, Washington, DC, National Wildlife Federation Scientific and Technical Series No. 11. pp. 325-334.

König, C., Friedhelm, W., Jan-Hendrik, B. (1999) *Owls: A Guide to the Owls of The World*. Yale Univ Press. ISBN 0300079206

Konig, C., Welck, F., Jan-Hendrik, B. (1999) *Owls: A Guide to the Owls of the World*. Yale University Press, ISBN 978-0-300-07920-3.

Krüger, O. (2005) The evolution of reversed sexual size dimorphism in hawks, falcons and owls: A comparative study. *Evolutionary Ecology*. 19 (5): 467-486.

Kumar, J.I.N., **H. Soni** and R.N. Kumar (2007) Patterns of Site-Specific Variation of Waterbirds Community, Abundance and Diversity in relation to Seasons in Nal Lake Bird Sanctuary, Gujarat, India. *International Journal of Bird Populations*. 8: 1-20. (*ISSN*: 1074-1755) **(USA)**

Kumar, J.I.N., R.N. Kumar and **H.B. Soni** (2020) *Ecological and Environmental Science: A Research Perspective* (Google Play Books Edition). Google Book Publisher (GBP), USA. 825 pp. (GGKEY: KX6WDN8ZDBP) https://play.google.com/store/books/details?id=UCf-DwAAQBAJ

Kumar, J.I.N., R.N. Kumar, **B.S.Hiren Kumar** and A.N. Gohil (1998) A Survey of Avifauna of Khatana and Waghai Forests of Gujarat. *Pavo*. 36 (1 & 2): 69-75. (*ISSN*: 0031-3297)

Larco, H., Rafael, H., Berrin, K. (1997) *The Spirit of Ancient Peru Thames and Hudson*. New York, ISBN 0500018022

Lenders, E.W. (1914) The Myth of the 'Wah-ru-hap-ah-rah,' or the Sacred Warclub Bundle. *Zeitschrift für Ethnologie*. 46: 404-420.

Leptich, D.J. (1994) Agricultural Development and its Influence on Raptors in Southern Idaho. *Northwest Science*. 68: 167-171.

Lipton, J. (1991) *An Exaltation of Larks*. Viking. ISBN 978-0-670-30044-0.

Lockwood, W.B. (1993) *The Oxford Dictionary of British Bird Names*. Oxford University Press, Oxford.

Long, K. (1998) *Owls: A Wildlife Handbook*. Johnson Books.

Lundberg, A. (1986) Adaptive advantages of reversed sexual size dimorphism in European owls. *Ornis Scandinavica*. 17 (2): 133-140.

Malek, S.S., S.A. Saiyed and **H.B. Soni** (2020) Population Dynamics and Habitat Preference of Sarus Crane (*Grus antigone* L.) in Selected Pockets of Central Gujarat. *International Journal of Creative Research Thoughts*. 8 (7): 1769-1775. (ISSN: 2320-2882)

Man needed hospital treatment after owl attack. *Daily Telegraph* (London) (25 January 2013)

Marcot, B.G. (1993) Conservation of Forests of India: An Ecologist's Tour. USDA Forest Service, Pacific Northwest Research Station, Portland OR. 127 pp.

Marcot, B.G. (1995) Owls of Old Forests of the World. USDA Forest Service General Technical Report PNW-GTR-343. Portland, Oregon, USA. 64 pp.

Marcot, B.G., Cocker, P.M., Johnson, D.H. (2000) Owls in Lore and Culture. Presented at Owls: The Biology, Conservation, and Cultural Significance of Owls. International Conference. Canberra, Australia. , 19-23 January 2000.

Marcot, B.G., Johnson, D.H. (2003) Owls in Mythology and Culture. Pp. 88-105. In: J. R. Duncan. *Owls of the World: Their Lives, Behavior and Survival*. Key Porter Books, Ltd., Toronto, Canada. 319 pp.

Marti, C.D. (1974) Feeding Ecology of Four Sympatric Owls . *The Condor*. 76 (1): 45-61. Einoder, Luke D. Alastair, M.M. Richardson (2007) Aspects of the Hindlimb Morphology of Some Australian Birds of Prey: A Comparative and Quantitative Study. *The Auk*. 124 (3): 773–788.

Marti, C.D. (1992) *Barn Owl*. In: Poole, A., Stettenheim, P., Gill, F. [Eds.]. *The Birds of North America, No. 1*. Philidelphia: The Academy of

Natural Sciences, Washington, D.C: The Academy Ornithologists' Union.

Martin, D.J. (1973) Selected Aspects of Burrowing Owl Ecology and Behavior. *The Condor*. 75 (4): 446–456.

Martin, G.R. (1982) An owl's eye: Schematic optics and visual performance in *Strix aluco* L. *J. Comp Physiol*. 145 (3): 341-349.

Martin, L.C. (1996) *Folklore of Birds*. Globe Pequot Printers.

Mayr, G. (2005) Old World phorusrhacids (Aves, Phorusrhacidae): A new look at *Strigogyps* (*Aenigmavis*) *sapea* (Peters 1987). *PaleoBios* (Berkeley). 25 (1): 11–16.

McCallum, D.A. (1994) Flammulated Owl (*Otus flammeolus*). In: Poole, A., Gill, F. [Eds.]. *The Birds of North America*. No. 93. Philadelphia : The Academy of Natural Sciences, Washington, D.C. : The American Ornithologists' Union.

McGaa, E. (1990) Mother Earth Spirituality - Native American Paths to Healing Ourselves and Our World. Harper Collins Publishers, New York. 230 pp.

Medlin, F. (1967) (3rd Reprint, 1971) *Centuries of Owls*. Silvermine Publishers, Inc. 93 pp.

Mictlantecuhtli. Ancient History Encyclopedia.

Mikkola, H. (1997a) General public owl knowledge in Malawi. *Soc. Malawi J*. 50 (1): 13-35.

Mikkola, H. (1997b) Comparative study on general public owl knowledge in Malawi and in eastern and southern Africa. *Nyala*. 20: 25-35.

Miller, G.T. (1994) *Living in the Environment: Principles, Connections, and Solutions*. 8th Ed. Wadsworth Publishing Company, CA.

Mueller, H.C. (1986) The evolution of reversed sexual dimorphism in owls: An empirical analysis of possible selective factors . *The Wilson Bulletin*. 19 (5): 467.

Native American Indian Owl Legends, Meaning and Symbolism from the Myths of Many Tribes (2008) Native-languages.org.

Nengminza, D.S. (1996) The School Dictionary Garo to English. 13th Edition. Garo Hills Book Emporium, Tura, Meghalaya, India. 268 pp.

Neuhaus, W., Bretting, H., Schweizer, B. (1973) Morphologische und funktionelle Untersuchungen über den, lautlosen Flug der Eulen (*Strix aluco*) im Vergleich zum Flug der Enten (*Anas platyrhynchos*). *Biologisches Zentralblatt*. 92: 495–512.

Norberg, R.A. (1977) Occurrence and independent evolution of bilateral ear asymmetry in owls and implications on owl taxonomy.

Philosophical Transactions of the Royal Society of London. Series B, Biological Sciences. 280 (973): 375-408.

Olson, S.L. (1985) The fossil record of birds. In: Farner, D.S., King, J.R. & Parkes, Kenneth C. (Eds.): *Avian Biology* 8: 79-238 (131, 267). Academic Press, New York.

Opler, M. (1965) An Apache Life-way. Cooper Square, New York.

Owl mystery unraveled: Scientists explain how bird can rotate its head without cutting off blood supply to brain (2013) Johns Hopkins Medicine.

Owl Pellets in the Classroom: Safety Guidelines. carolina.com

Owls in Lore and Culture. The Owl Pages. p. 3.

Owls: Hocąk Encyclopedia.

Peakall, D.B. (1987) *Impacts and Mitigation Techniques.* In: Pendleton, B.A, Millsap, B.A, Cline, K.W, Bird, D.M. [Ed]. *Raptor Management Techniques Manual.* National Wildlife Federation, Washington, DC., National Wildlife Federation Scientific and Technical Series No. 10. Pp. 321-329.

Peters, D.S. (2007) The fossil family Ameghinornithidae (Mourer-Chauviré 1981): A short synopsis. *Journal of Ornithology.* 148 (1): 25-28.

Postovit, H.R, Postovit, B.C. (1987) *Impacts and Mitigation Techniques.* In: Pendleton, B.A, Millsap, B.A, Cline, K.W, Bird, D.M. [Ed]. *Raptor Management Techniques Manual.* National Wildlife Federation, Washington, DC., National Wildlife Federation Scientific and Technical Series No. 10. Pp. 183-213.

Rackham, H. (1997) *Pliny Natural History: Books 8-11.* Harvard University Press, Cambridge, Mass.

Radin, P. (1990 [1923]) *The Winnebago Tribe.* Lincoln: University of Nebraska Press, pp. 7-9. ISBN 0803257104

Ray, V.F. (1939) Cultural Relations in the Plateau of Northwestern America. Fredrick Webb Hodge Anniversary Publication Fund 3.

Saiyed, S.A., S.S. Malek and **H.B. Soni** (2020) Local People Perception towards Conservation and Management of Sarus Crane (*Grus antigone antigone* L.) in Central Gujarat Region. *International Journal of Current Microbiology and Applied Sciences.* 9 (8): 2592-2604. (ISSN: 2319-7692)

Sánchez, M.A. (2004) Avian zoogeographical patterns during the Quaternary in the Mediterranean region and paleoclimatic interpretation. *Ardeola.* 51 (1): 91–132.

Saunders, N.J. (1995) *Animal Spirits.* MacMillan, London. 184 p.

Singh, Y.D., J. Joshua, S.F.W. Sunderraj, V.V. Kumar, O. Deiva, P.N. Joshi, N.M. Joshi and **H. Soni** (2003) *Rare and Endangered Plants and Animals of Gujarat*. Under Save Biodiversity Campaign, Sponsored By Gujarat Ecology Commission (GEC), Vadodara. 79 pp.

Smith, C.F. (1978) Distributional Ecology of Barred and Great Horned Owls in Relations to Human Distribution. M.S. Thesis. University of Connecticut.

Smith, D.G, Ellis, D.H., Millsap, B.A. (1988) *Owls*. In: *Proceedings of the Southeast Raptor Management Symposium and Workshop*. National Wildlife Federation, Washington, D.C. National Wildlife Scientific and Technical Series, no. 14. Pp. 89-117.

Smith, D.L. (1997) *Folklore of the Winnebago Tribe*. Norman: University of Oklahoma Press, p. 160.

Smythies, B.E. (1953) *The Birds of Burma*. 2nd edition. [Publisher unknown], Edinburgh-London.

Sodoma, B. (1999) Builders Awaiting Future of Pygmy Owl Habitat. *Inside Tucson Business*. 9 (18): 78.

Soni, H. (2001) Birds seen in and around Gomti Pond, Dakor. *Vihang*. P. 22.

Soni, H. (2001) Pelicans in Anand Territory. *Vihang*. P. 15.

Soni, H. (2001) White-throated Munia. *Vihang*. 21-22.

Soni, H. (2002) A Birding Note. *Vihang*. P. 17.

Soni, H. (2002) Birds seen in and around Kapadvanj. *Vihang*. P. 12.

Soni, H. (2002) Birds seen in and around Madhasna, Kheralu Taluka, Mehsana District. *Vihang*. P. 12.

Soni, H. (2002) Some Avifaunal Observations in North Gujarat (Banaskantha). *Vihang*. 12-13.

Soni, H. (2003) Some Miscellaneous Birding Observations. *Vihang*. P. 21.

Soni, H. (2004) A Survey of White-backed Vulture *Gyps bengalensis* in Gujarat. In: Inputs from Birdwatchers for Workshop on "*Current Status of Vultures in Gujarat*". (Eds. Jani, J.J., H.R. Kher, D.J. Patel, A. Tere, D.N. Rank). Bird Conservation Society Publication, Ahmedabad, Gujarat. 108 pp.

Soni, H. (2004) Mysterious Death. *Down To Earth*. 3-4. (ISSN: 0012-5792)

Soni,H. (2006) Grey-headed Flycatcher in Outskirts of Jamnagar City, Gujarat. *Flamingo*. (Newsletter of Bird Conservation Society of Gujarat). 4 (1 & 2): 13.

Soni,H. (2007) A Survey of White-rumped Vultures *Gyps bengalensis* in Gujarat State, India. *Vulture News*. 57: 32-43. (*ISSN*: 1606-7479) **(South Africa)**

Soni,H. (2007) Mass Mortality of Sea Gulls at Lakhota Lake, Jamnagar, Gujarat. *Flamingo*. (Newsletter of Bird Conservation Society of Gujarat). 5 (1 & 2): 5-6.

Soni, H. (2007) Prevalence of Some Mythological Beliefs among Rural Communities of Gujarat: A Case Study of Crow (*Corvus sp.*). *Newsletter for Birdwatchers*. 47 (3): 48. (ISSN: 0028-9426)

Soni,H. (2008) Regional Names of Birds of Nal Sarovar Bird Sanctuary, Gujarat – A Case Study. *Vihang*. 2: 28-31.

Soni, H. (2009) Mass Mortality of Pariah Kite (*Milvus migrans*) in Ahmedabad Sewage Treatment Plant, Gujarat. *Newsletter for Birdwatchers*. 49 (2): 26-29. (ISSN: 0028-9426)

Soni,H. (2009) Regional Names of Birds of Purna Wildlife Sanctuary (Dangs Forest), Gujarat – A Case Study. *Vihang*. 1: 38-39.

Soni, H. (2010) Calling Pattern in Coppersmith Barbet (*Megalaima haemacephala*). *Newsletter for Birdwatchers*. 50 (1): 2-6. (ISSN: 0028-9426)

Soni, H. (2013) Wilderness and Forests: Our Last Bastions of Biodiversity. *Guide.Net Newsletter*. 2 (5): 4-7.

Soni, H. (2014) About the Directory of Birdwatchers of Gujarat State. *Newsletter for Birdwatchers*. 54 (3): 35. (ISSN: 0028-9426)

Soni, H. (2014) About the Directory of Birdwatchers of Gujarat State. *Newsletter for Birdwatchers*. 54 (3): 35. (ISSN: 0028-9426)

Soni, H. and J. Joshua (2009) A Clarification regarding the Sighting of Yellow-bellied Prinia (*Prinia flaviventris* Delessert, 1840) – First Record in Gujarat. *Newsletter for Birdwatchers*. 49 (1): 1-2. (ISSN: 0028-9426)

Soni, H. and J. Joshua (2012) Crested Bunting *Melophus lathami* (Gray) – A First Report for Ambakantha Forest (Banaskantha District), North Gujarat. *Newsletter for Birdwatchers*. 52 (5): 76. (ISSN: 0028-9426)

Soni, H. and J. Joshua (2012) First Report of Jungle or Grey Nightjar (*Caprimulgus indicus* Latham) in Khadir Island, Rapar (Kachchh), Gujarat. *Newsletter for Birdwatchers*. 52 (6): 87. (ISSN: 0028-9426)

Soni, H. and J. Joshua (2012) Red-necked Phalarope (*Phalaropus lobatus*,Linnaeus, 1758) in Breeding Plumage in Freshwater Ecosystem of Kachchh District, Gujarat. *Newsletter for Birdwatchers*. 52 (6): 93. (ISSN: 0028-9426)

Soni, H. and J. Joshua (2012) Use of Concrete Electricity Pole by Yellow-fronted Pied Woodpecker (*Picoides mahrattensis* Latham). *Newsletter for Birdwatchers.* 52 (4): 60-61. (ISSN: 0028-9426)

Soni, H. and J. Joshua (2013) Breeding of Rock Bunting (*Emberiza cia* Linnaeus, 1766) in Kachchh, Gujarat. *Newsletter for Birdwatchers.* 53 (3): 46-47. (ISSN: 0028-9426)

Soni, H. and J. Joshua (2013) Sighting of Rufous-tailed Scrub Robin (*Cercotrichas galactotes* Temminck, 1820) in Pachchham Island, Kachchh District, Gujarat. *Newsletter for Birdwatchers.* 53 (4): 62. (ISSN: 0028-9426)

Soni, H. and J. Joshua (2013) Sighting of Spotted Creeper (*Salpornis spilonotus* Franklin, 1831) in Balaram-Ambaji Wildlife Sanctuary, North Gujarat. *Newsletter for Birdwatchers.* 53 (4): 63. (ISSN: 0028-9426)

Soni, H. and J. Joshua (2013) Verditer Flycatcher (*Muscicapa thalassina* Swainson, 1838) (Passeriformes: Muscicapidae) in Kachchh (Gujarat). *Newsletter for Birdwatchers.* 53 (3): 42. (ISSN: 0028-9426)

Soni, H. and J. Joshua (2014) Spotted Flycatcher (*Muscicapa striata* Pallas, 1764) in Jessore Sloth Bear Sanctuary, North Gujarat. *Newsletter for Birdwatchers.* 54 (5): 57. (ISSN: 0028-9426)

Soni, H., J. Pankaj and J. Justus (2005) Nesting Behaviour and Unusual Feeding Pattern in Common Wood Shrike (*Tephrodornis pondicerianus*). *Journal of Bombay Natural History Society.* 102 (1): 120. (ISSN: 0006-6982)

Soni, H., P. Joshi and J. Joshua (2003). Breeding of White-backed Vulture (*Gyps bengalensis*) in Kachchh. *Flamingo.* (Newsletter of Bird Conservation Society of Gujarat). 1 (5 & 6): 8.

Soni, H.B. (2004) A Red Alert: Bird's Trade. *Flamingo.* (Newsletter of Bird Conservation Society of Gujarat). 2 (1 & 2): 9.

Soni, H.B. (2011) Biodiversity: A Burgeoning Biospectrum of Life. *Quest* (ARIBAS Newsletter). 1 (2): 6-7.

Soni, H.B. (2011) Biological Diversity of Gujarat: A Holistic Scenario. *Quest* (ARIBAS Newsletter). 1 (1): 7-9.

Soni, H.B. (2011) Policy Framework: A Legislative Tool for Biodiversity Protection. *Quest* (ARIBAS Newsletter). 1 (3): 8-9.

Soni, H.B. (2014) Chronological Perspectives and Bibliographical Milestones in Ornithology of Gujarat State, India: A Five Years Journey (2010-2014) – Part I. *Newsletter for Birdwatchers.* 54 (4): 43-46. (ISSN: 0028-9426)

Soni, H.B. (2014) Chronological Perspectives and Bibliographical Milestones in Ornithology of Gujarat State, India: A Five Years Journey

(2010-2014) – Part II. *Newsletter for Birdwatchers.* 54 (5): 52-56. (ISSN: 0028-9426)

Soni, H.B. (2015) Stoliczka's Bushchat in Kachchh. *Hornbill.* 1 (January-March): 22.

Soni, H.B. (2016) A Review on Birds of Arid Regions of North-Western India. *Guide.Net Newsletter*. 5 (2): 4-7.

Soni, H.B. (2017) Birds in Ancient Times: Myths and Motifs. *Newsletter for Birdwatchers.* 57 (6): 67-70. (ISSN: 0028-9426)

Soni, H.B. (2017) Wetlands – An Eternal Abode for Avifauna. *India Wilds Newsletter*. 9 (4): 17-28. (ISSN: 2394-6946)

Soni, H.B. (2018) An Integral Association between Trees and Birds. *Newsletter for Birdwatchers.* 58 (2): 19-23. (ISSN: 0028-9426)

Soni, H.B. (2018) Bird Migration: A Peep into Past and Present. *Newsletter for Birdwatchers.* 58 (6): 64-70. (ISSN: 0028-9426)

Soni, H.B. (2018) Magnetic Orientation in Birds: A Miraculous Mechanism (Part 1). *Newsletter for Birdwatchers.* 58 (3): 34-35. (ISSN: 0028-9426)

Soni, H.B. (2018) Magnetic Orientation in Birds: A Miraculous Mechanism (Part 2). *Newsletter for Birdwatchers.* 58 (4): 39-45. (ISSN: 0028-9426)

Soni, H.B. (2020) *Biodiversity and Birds: A Field Journey* (Amazon Kindle Edition). Kindle Direct Publishing (KDP), USA. 147 pp. (ASIN: B08HMC789R) https://www.amazon.in/dp/B08HMC789R

Soni, H.B. (2020) *Biodiversity and Birds: A Field Journey* (Amazon Paperback Edition). Kindle Direct Publishing (KDP), USA. 199 pp. (ISBN-13: 979-8691628733;ASIN: B08KBV5CX6) https://www.amazon.com/dp/B08KBV5CX6

Soni, H.B. (2020) *Biodiversity of Wetlands and Forests: A Nature Trail* (Google Play Books Edition). Google Book Publisher (GBP), USA. 165 pp. (GGKEY: ZEK5C67C9E6) https://play.google.com/store/books/details?id=gAf-DwAAQBAJ

Soni, H.B. (2020) *Biodiversity, Birds and Wetlands* (Amazon Kindle Edition). Kindle Direct Publishing (KDP), USA. 109 pp. (ASIN: B08HBMGSGD) https://www.amazon.in/dp/B08HBMGSGD

Soni, H.B. (2020) *Biodiversity, Birds and Wetlands* (Amazon Paperback Edition). Kindle Direct Publishing (KDP), USA. 151 pp. (ISBN-13: 979-8685500144;ASIN: B08KBGMG26) https://www.amazon.com/dp/B08KBGMG26

Soni, H.B. and U. Kathad (2014) Photographic Record of Opportunistic Feeding by Great White Pelican (*Pelecanus onocrotalus*) on Little Cormorant (*Phalacrocorax niger*). *Newsletter for Birdwatchers.* 54 (3): 32-35. (ISSN: 0028-9426)

Soni, H.B., P.N. Joshi, J. Joshua and S.F.W. Sunderraj (2016) In Search of Stoliczka's Bushchat (*Saxicola macrorhyncha* Stoliczka, 1872) in Kachchh Arid Ecosystem, Gujarat. *India Wilds Newsletter.* 8 (3): 7-10. (ISSN: 2394-6946)

Sparks, J., Soper, T. (1979) Owls: Their Natural and Unnatural History. p. 163. ISBN 0715349953

Sparks, J., Soper, T. (1970) *Owls: Their Natural and Unnatural History.* Taplinger Publishing Company, New York.

Stikini, an owl monster of Seminole folklore. Native-languages.org.

Stokes, D.W., Stokes, L.Q. (1996) *Stokes Field Guide to Birds: Eastern Region.* Little, Brown and Company, Boston.

Take A Peek At Boo, The Eagle Owl – The Quillcards Blog. Quillcards.com

The Hungry Owl Project. Hungryowl.org.

The Popol Vuh (2008) Meta-religion.com.

The Significance and Meaning of Owls in Japanese Culture. Owlcation.com

Thiselton-Dyer, T.F. (1883) Folklore of Shakespeare. Sacred-texts.com

Tischendorf, J., Johnson, C.L. (1997) Long-Eared Owl Snagged on Barbed-Wire Fence. *Blue Jay.* 55: 200.

Voous, K.H. (1988) *Owls of the Northern Hemisphere.* The MIT Press, Cambridge, Mass. 320 pp.

Wallace, D.R. (1983) *The Klamath Knot.* Sierra Club Books, San Francisco, California. 149 pp.

Walls, G.L. (1942) *The vertebrate eye and its adaptive radiation.* Cranbook Institute of Science.

Webster, D.B.F., Richard, R. (2012) *Hearing in Birds. The Evolutionary Biology of Hearing.* Springer Science & Business Media. p. 547. ISBN 978-1-4612-2784-7.

Weidensaul, S. (1996) *Raptors: The Birds of Prey: An Almanac of Hawks, Eagles and Falcons of the World.* Lyons and Burford, New York, NY.

Weinstein, K. (1989) *The Owl in Art, Myth and Legend.* Crescent Books, N.Y.

Wildlife Trade News – Huge haul of dead owls and live lizards in Peninsular Malaysia. TRAFFIC. 12 November 2008.

Willott, J.F. (2001) *Handbook of Mouse Auditory Research.* CRC Press. ISBN 1420038737.

Work, T.M., Hale, J. (1996) Causes of Owl Mortality in Hawaii, 1992-1994. *Journal of Wildlife Diseases.* 32 (2): 266-273.

www.ingramcontent.com/pod-product-compliance
Ingram Content Group UK Ltd.
Pitfield, Milton Keynes, MK11 3LW, UK
UKHW041642190726
13854UKWH00006B/2646

9 798887 176048